手のひら図鑑 ⑪

地球

ダグラス・パルマー 監修／伊藤 伸子 訳

化学同人

Pocket Eyewitness EARTH
Copyright © 2012 Dorling Kindersley Limited
A Penguin Random House Company

Japanese translation rights arranged with
Dorling Kindersley Limited, London
through Fortuna Co., Ltd., Tokyo
For sale in Japanese territory only.

手のひら図鑑 ⑪
地　球
2017年 4 月 1 日　第 1 刷発行
2024年12月25日　第 2 刷発行

監　修　ダグラス・パルマー
訳　者　伊藤伸子
発行人　曽根良介
発行所　株式会社化学同人

〒600-8074 京都市下京区仏光寺通柳馬場西入ル
TEL：075-352-3373　FAX：075-351-8301

装丁・本文DTP　グローバル・メディア

JCOPY〈(社)出版者著作権管理機構委託出版物〉

本書の無断複写は著作権法上での例外を除き禁じられています．複写される場合は，そのつど事前に，(社)出版者著作権管理機構（電話 03-3513-6969, FAX 03-3513-6979, email：info@jcopy.or.jp）の許諾を得てください．

無断転載・複製を禁ず
Printed and bound in China

Ⓒ N. Ito 2017
ISBN978-4-7598-1801-7

◎本書の感想を
　お寄せください

乱丁・落丁本は送料小社負担にて
お取りかえいたします．

www.dk.com

目　次

- 4 地球の誕生
- 6 地質年代
- 8 地球の内部
- 10 動く地球
- 12 断　層

🌴 16 陸
- 18 バイオーム
- 20 山　脈
- 26 火　山
- 32 火山のつくった地形
- 36 岩　石
- 40 川
- 46 川のつくった地形
- 48 湖
- 52 湿　地
- 56 氷　河
- 60 氷河のつくった地形
- 62 砂　漠
- 68 森　林
- 74 草　原
- 76 ツンドラ
- 80 農村部
- 82 都市部

🌊 84 海
- 86 海　流
- 88 海と大洋
- 102 サンゴ礁って何だろう？
- 104 サンゴ礁
- 110 海　岸

🌫 118 大　気
- 120 地球の大気
- 122 地球に降る水
- 124 雲の種類
- 132 嵐

🌍 138 気　候
- 140 地球温暖化
- 142 気候区分

- 146 地球まめ知識
- 148 地球にまつわるランキング
- 150 用語解説
- 152 索　引
- 156 謝　辞

岩石の大きさ
この本では写真で紹介した岩石を縮尺図にし、手と並べて大きさを表しています。 15 cm

雲の高さ
雲が現れる高さは雲底の高さを基準に表しています。

対流圏

位置表示（1）
紹介する場所がせまい地域の場合は赤い点、もう少し広い地域の場合は赤い長方形で表しています。

位置表示（1）

位置表示（2）
紹介する場所がもっと広い地域におよぶ場合は赤で塗りつぶして表しています。

位置表示（2）

地球の誕生 ちきゅうのたんじょう

今からおよそ140億年前にビッグバンという、すさまじくはげしい爆発が起こり現在のような宇宙が誕生しました。ちりほどの大きさだった宇宙が1秒もしないうちにガスでできた巨大な火の玉にふくれあがったのです。ふくれた宇宙は長い時間をかけて冷え、恒星や銀河（恒星の大きなまとまり）、地球などの惑星をつくりました。

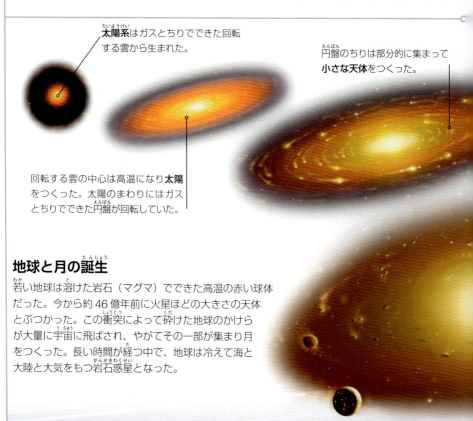

太陽系はガスとちりでできた回転する雲から生まれた。

回転する雲の中心は高温になり**太陽**をつくった。太陽のまわりにはガスとちりでできた円盤が回転していた。

円盤のちりは部分的に集まって**小さな天体**をつくった。

地球と月の誕生

若い地球は溶けた岩石（マグマ）でできた高温の赤い球体だった。今から約46億年前に火星ほどの大きさの天体とぶつかった。この衝突によって砕けた地球のかけらが大量に宇宙に飛ばされ、やがてその一部が集まり月をつくった。長い時間が経つ中で、地球は冷えて海と大陸と大気をもつ岩石惑星となった。

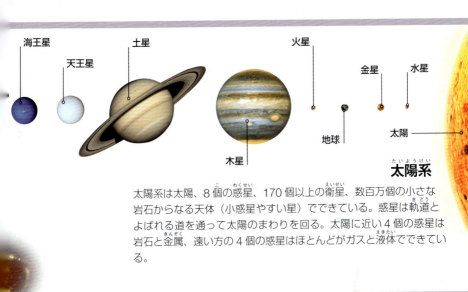

海王星 / 天王星 / 土星 / 木星 / 火星 / 地球 / 金星 / 水星 / 太陽

太陽系

太陽系は太陽、8個の惑星、170個以上の衛星、数百万個の小さな岩石からなる天体（小惑星やすい星）でできている。惑星は軌道とよばれる道を通って太陽のまわりを回る。太陽に近い4個の惑星は岩石と金属、遠い方の4個の惑星はほとんどがガスと液体でできている。

小さな天体が衝突してくっつき**惑星**となった。

太陽系の誕生

生命の宿る惑星

地球は太陽系の中でただひとつ生命を宿す惑星だ。童話『ゴルディロックスと3匹のくま』にちなんで英語でGoldilocks planet（ゴルディロックスの惑星）ともいう。ゴルディロックスが食べるのに「ちょうどよい」熱さのおかゆを見つけたように、地球にも生命を維持するのに「ちょうどよい」条件がそろっている。暑すぎず寒すぎず、大量の水があるおかげで地球には生命が存在する。

地質年代 ちしつねんだい

地球について研究する人を地質学者といいます。地質学者は化石や岩石や鉱物などをもとに地球の歴史を年代（地質時代区分）に分けて考えます。一番大きな分け方を累代といいます。累代は代に分けられ、代はさらに細かく紀に分けられます。

最初の生命

約30億年前、浅い海に最初の生命が現れた。最初の生命は細菌のなかまで、とても小さかった。この微生物は砂を使ってこぶのような岩石（ストロマトライト）をつくった。現在でも一部の水域ではストロマトライトがつくられ続けている。ストロマトライトには地球上の生命の記録が残されている。

ストロマトライト

紀	カンブリア紀	オルドビス紀	シルル紀	デボン紀	石炭紀
代	5億4200万年前		古生代		
累代	顕生紀				

複雑な生命

カンブリア紀の間に生命は複雑な構造に変化した。オルドビス紀に入ると陸上に小さな植物が育ちはじめた。デボン紀には植物はさらに大きくなり、シダに似た植物や木に似た植物が、プロトタキシーテスなど巨大な菌類といっしょに最初の森をつくった。やがてこのような植物の生い茂る環境の中で陸生動物が生活をはじめた。

巨大な菌類と比べると高さ約18cmのアグラオフィトンが小さく見える

コエロフィシス

人類の起源

ウマ、ラクダ、ウシをはじめ現代の哺乳類の多くは新第三紀に現れた。人類の祖先となるヒト科の動物はアフリカで誕生し世界中に広がっていった。ヒト科のホモ・ハビリスは約200万年前にアフリカの東部で生活していた。

恐竜の時代

恐竜は三畳紀に現れた。コエロフィシスのように最初は2本足の小さな動物だったが進化を続け、ジュラ紀には陸上の生物の中で一番繁栄した。

ホモ・ハビリス

ペルム紀	三畳紀	ジュラ紀	白亜紀	古第三紀	新第三紀
	2億5200万年前 中生代			6500万年前 新生代	

大量絶滅

化石を調べると約6500万年前、白亜紀の終わりに小惑星またはすい星が地球にぶつかったことがわかる。この衝突により恐竜を含むたくさんの生物種が滅んだと考えられる。小惑星（またはすい星）の衝突は中生代の終わりを告げた。

地質年代 | 7

地球の内部

地球の内部はおもに三つの層（薄くて温度の低い外側の地殻、熱いマントル、もっと熱い金属からなる核）でできています。核の熱はマントルを通して地殻に伝わり、長い時間をかけて地殻の岩石を変化させてきました。

地球は赤道でふくらむ

自転の向き

内核の厚さは2,740km

形

地球は重力にひっぱられて、ほぼ完全な球の形をしているが、軸のまわりを回転（自転）するため赤道でわずかにふくらむ。

地球をつくる層

地球の一番外側の層は、土と岩石でできた地殻だ。地殻の下のマントルは大きな渦を巻く液体の岩石（マグマ）でできている。マントルの奥、核の部分は液体の岩石でできた厚い外核と固体でできた内核の二つに分かれる。

地球のつくり

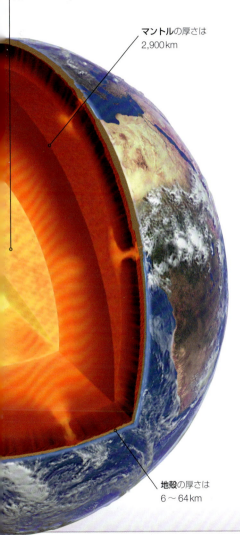

外核の厚さは 2,000km

マントルの厚さは 2,900km

地殻の厚さは 6〜64km

岩石の種類

火成岩は溶けた岩石が冷えてかたまった岩石。もとは地下深くにあった溶けた岩石が地表や地表近くで火成岩となる。

堆積岩は地表をつくる岩石。鉱物や岩石のかけら、有機物（動物や植物の遺体）の層でできている。堆積岩の層ははっきり見ることができる。

変成岩は既存の岩石が地殻の深い場所で圧力や熱を受けて変化したもの。写真は変成岩の一種、珪岩。

地球の内部 | 9

動く地球

地殻は不規則な形に割れています。地殻が割れてできた大きな岩盤をプレートといいます。プレートは地殻とマントルの一部からなり、さらに下にあるマグマの動きによって引きずられています。その結果、とてつもなく長い時間をかけて大陸ができ、山が隆起してきました。海が開いたり、閉じたりもしました。こうして地球は少しずつ姿を変えてきました。

プレートテクトニクス

2億年以上前の地球には大きな陸の塊がひとつあった。パンゲアとよばれる「超大陸」だ。プレートの動きは1億年以上の時間をかけてパンゲアを分裂させ、現在の大陸をつくった。このようなプレートの動きをプレートテクトニクスといい、プレートは今も動き続けている。

2億7000万年前

2億年前

現在

地球のプレート

地球には30のプレートがある。このうち7個のプレートで地球の94%をおおう。残り6%は23個の小さなプレートでできている。プレートとプレートの境目にはたいてい山脈や火山帯や海溝があり、地震がよく起こる。

地球のプレート

プレートの境界

二つのプレートが接する場所では、プレートの動き方によって種類のちがう境界ができる。プレートが動くことによって地震や火山噴火が起こる。

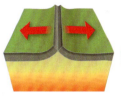

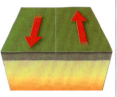

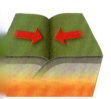

プレートどうしがぶつかる場所では一方のプレートがもう一方のプレートの下に沈みこんで境界が閉じる。このような境界を**収束型境界**という。

プレートがたがいに離れてできる境界（**発散型境界**）もある。プレートが離れるため割れ目が生じ、マントルから溶けた溶岩が上昇して割れ目をうめる。

二つのプレートがたがいにすれちがう方向に動いてできる境界を**トランスフォーム型境界**という。

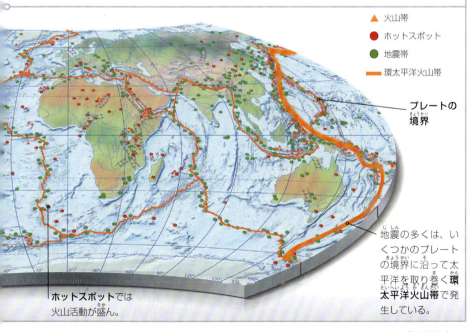

▲ 火山帯
● ホットスポット
● 地震帯
━ 環太平洋火山帯

プレートの境界

地震の多くは、いくつかのプレートの境界に沿って太平洋を取り巻く**環太平洋火山帯**で発生している。

ホットスポットでは火山活動が盛ん。

動く地球 | 11

断層

プレートが絶え間なく動くことによって地殻が割れ、割れてできた大きな岩の塊がたがいにずれ動くと地面に大きな亀裂が生じます。この亀裂を断層といいます。プレートがたがいに押しあったまま動かなくなるとエネルギーがたまります。やがて押し合いに耐えられなくなったプレートがずれて突然大きな地震が発生することもあります。

サンアンドレアス断層
San Andreas Fault

サンアンドレアス断層はカリフォルニア州の沿岸部に伸びる断層。西は太平洋プレート（カリフォルニア州の端からほぼアジアまで続く）、東は北アメリカプレート（北アメリカ大陸のほとんどをつくる）にかかる。とくにカリフォルニア州南部のサンアンドレアス断層の上の市街地では地震がよく発生する。

場　所　アメリカ合衆国カリフォルニア州北部メンドシノ岬からカリフォルニア湾まで
プレート境界　トランスフォーム型
長　さ　1,300 km

サンアンドレアス断層は過去100年間に平均して毎年5cm動いていた。

大地溝帯
Great Rift Valley

グレートリフトバレーまたはアフリカ大地溝帯ともいう。ケニアの中部を通り抜けアフリカの東部を北まで伸びる、地殻の巨大な裂け目だ。シナイ半島の西側でアフリカプレートとアラビアプレートを分ける。

場　所　紅海南部からアフリカ東部を通りモザンビークのベイラまで
プレート境界　発散型
長　さ　6,400km

シナイ半島

スンダ大衝上断層
Sunda Megathrust

スンダメガスラストともいう。過去数千年間、動いていなかったが、2004年に断層の一部がすべり巨大な地震と津波を引き起こした。インド洋全体に広がった津波は一部内陸まで押し寄せ、沿岸部を破壊した。約28万人が亡くなった。

場　所　バングラディシュからスマトラ、バリ、インドネシアを通りオーストラリア北西部まで
プレート境界　収束型
長　さ　5,500km

アルパイン断層
Great Alpine Fault

約2600万年前、太平洋プレートとオーストラリアプレートが衝突してアルパイン断層ができた。押し上げられた地面はサザンアルプス山脈となった。

場　所　ニュージーランド南島西岸フィオードランドからブレナムまで
プレート境界　トランスフォーム型
長　さ　500km

50万年前には塩粒ほどだった小さな結晶が現在では重さ **50トン**にまで成長した

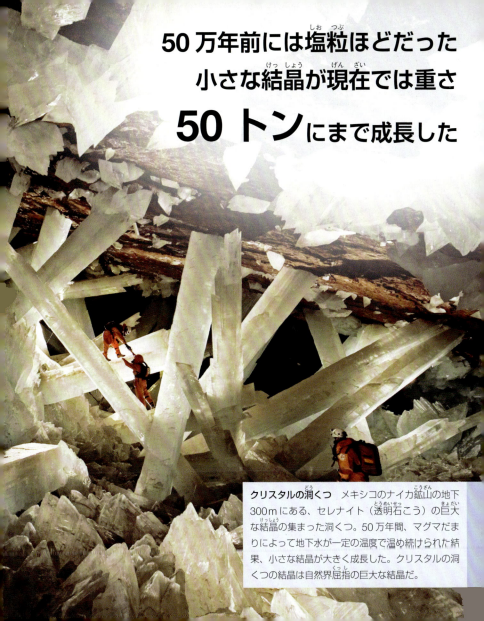

クリスタルの洞くつ メキシコのナイカ鉱山の地下300mにある、セレナイト（透明石こう）の巨大な結晶の集まった洞くつ。50万年間、マグマだまりによって地下水が一定の温度で温め続けられた結果、小さな結晶が大きく成長した。クリスタルの洞くつの結晶は自然界屈指の巨大な結晶だ。

陸

地球の約 30% は陸でおおわれています。地球には山や砂漠、森林や草原をはじめさまざまな特徴をもつ土地が広がっています。風や雨がつくった土地もあれば、デルタ地帯や谷のように川や氷河がつくった土地もあります。人間の活動が土地の形に影響をあたえることもあります。農村部では広い土地を利用して作物や家畜を育てる農地をつくります。都市部では高い建物を建てたり舗装道路や高速道路を整備したりします。

火山の影響 火山の噴火は地形をさまざまに変える。海では溶岩が水にふれるとかたまり島ができる。また火山灰は肥料となり植物を育む。

バイオーム

同じような気候や土壌といった環境のもとでは似た植物が生育します。それぞれの環境に生きている生物全体をバイオーム（生物群系）といいます。バイオームは植物に着目して分類されるので植物群系ともいわれます。地球上には、ほとんど生物の生息しない乾いた砂漠から、植物も動物も豊富に生息する湿った熱帯林までさまざまな生息環境で特徴のあるバイオームが見られます。

ツンドラはとても寒く樹木が育たない。おもにじょうぶな草、コケ、低木などが生育する。

北アメリカ

草原には涼しい地域の温帯草原と赤道付近の熱帯草原の2種類がある。

南アメリカ

バイオーム
- 極地
- 山岳地帯
- 熱帯林
- 針葉樹林
- 温帯林
- 湿地帯
- 草原
- ツンドラ
- 砂漠
- 海

山岳地帯は標高が高く岩の多い地域。たいてい気温は低い。山岳地帯の多くは年中、雪と氷でおおわれる。

18 ｜ 陸

湿地帯は水（海水または淡水）を多く含む。マングローブ林（河口の塩性湿地）、沼地、湿地、湿原などが湿地帯をつくる。

南極と北極圏を**極地**という。地球上でもっとも寒い地域だ。地球の約20%をおおう。

ヨーロッパ

アジア

アフリカ

針葉樹林は針葉樹からなり、陸上の約17%をおおう。陸上で最大のひとつながりのバイオームは針葉樹林がつくる。

赤道

地球で一番大きなバイオームは**海**。海にはとても小さなプランクトンから世界最大の動物シロナガスクジラまで実にさまざまな生物が生息する。

オーストラリア

砂漠は陸地の約5分の1をしめる。雨はほとんど降らず、植物も動物もあまり生息しない。

熱帯林は雨のとても多い気候に広がる。熱帯雨林には地球上のどの地域よりも多くの植物と動物が生息する。

温帯林は南極または北極と赤道のほぼ中央に広がる。季節がはっきり分かれ暑い夏と寒い冬がある。

南極

バイオーム | **19**

山　　　脈

大量の岩石がまわりの土地よりも高く、長く連なった場所を山脈といいます。プレートの運動がとてつもなく長い時間をかけて地面を押し上げ、高くそびえ立つ山々をつくりました。現在、陸上の20％は山脈におおわれています。

ここに注目！
生き物
山岳地帯では多くの動物や植物が低い気温に適応して生活している。

▲ アジアの山林に生息するギンケイ（キジ科）は、季節によって標高の高い場所と低い場所を移動する。

▲ ブータンシボリアゲハの濃い色は日光をよく吸収するので、気温が低くても体はすぐに温まる。

▲ 高山植物の小さくてじょうぶな葉は水の損失をおさえ、低い気温から体を守る。

ロッキー山脈
Rocky Mountains

ロッキー山脈は100を超える山地や山脈からできている。地球上で最大級の山岳地帯、西部山岳地帯の一部だ。ロッキー山脈の地形は複雑で変化に富む。そびえたつ山頂もあるし、活発な火山もある。

場　所　北アメリカ大陸西部アラスカ州からニューメキシコ州まで
最高峰　エルバート山（アメリカ合衆国）、4,398ｍ
長　さ　4,800km

アンデス山脈
Andes

アンデス山脈は地球で一番長い山脈。南アメリカの太平洋岸に沿って海からせり上がり、最高峰は6,500mを超える。地球上でもっとも盛んに活動している山地帯のひとつ。183ある活火山はひんぱんに噴火し、地震もよく発生する。

アンデス山脈南部、パタゴニア地方にあるフィツロイ山

場 所 南アメリカ大陸西部、カリブ海からホーン岬まで
最高峰 アコンカグア（アルゼンチン）、6,959m
長 さ 7,200km

ウラル山脈
Urals

「石の帯」の別名をもつウラル山脈はヨーロッパとアジアを分ける。中央から南部は森林でびっしりおおわれ、北部には高山草原とツンドラが広がる。

場 所 北極海からロシアとカザフスタンの国境まで
最高峰 ナロドナヤ（ロシア）、1,895m
長 さ 2,400km

山脈 | **21**

ピレネー山脈
Pyrenees

白亜紀に超大陸パンゲアからイベリア（半島）が分かれた。大西洋が開くとイベリアプレートはヨーロッパと北アフリカの間に押しこまれ、ピレネー山脈ができた。ピレネー山脈にはヨーロッパでも有数のみごとな滝や、初期人類の描いた絵の残る石灰岩の洞くつがある。

場 所 フランスとスペインの間、大西洋から地中海まで
最高峰 アネト山（スペイン）、3,404 m
長 さ 435 km

アルプス山脈
Alps

アルプス山脈は約9000万年前にアフリカプレートとユーラシアプレートが衝突してできた。4,000m級の山々が曲がった帯状に連なる。ヨーロッパで一番大きな山脈。

アトラス山脈
Atlas Mountains

アトラス山脈はひとつながりの山脈ではなく、いくつかの山脈が集まってできている。北の方はたくさん雨が降り、スギやマツやオークの森が広がる。南に行くほど乾燥し、サハラ砂漠近くには塩原がある。

場　所　ヨーロッパ南部、フランス
　　　　地中海からオーストリアまで
最高峰　モンブラン（フランス）、4,810m
長　さ　1,050km

ドラケンスバーグ山脈
Drakensberg Plateau

ドラケンスバーグ山脈は堆積岩でできているが、上部は玄武岩（火成岩の一種）の層でおおわれる。玄武岩の層はもとは1,500mの厚さで約200万km^{2}に広がっていたが、長い時間をかけて侵食された。ドラケンスバーグ山脈には砂岩でできた急勾配の崖、独立したとがった峰、滝、大きな洞くつがある。

場　所　南アフリカ南部から北東部、レソト、スワジランドまで
最高峰　ターバナエントレニャナ山（レソト）、
　　　　3,482m
長　さ　1,290km

場　所　モロッコ大西洋沿岸から
　　　　チュニジア東部地中海沿岸まで
最高峰　ツブカル山（モロッコ）、4,167m
長　さ　2,400km

山脈 | 23

ヒマラヤ山脈
Himalayas

ヒマラヤ山脈は5000万年ほど前にできた、比較的若い山地帯。インドプレートがユーラシアプレートの下に押しこまれ続けているため、現在も毎年4mmずつ高くなっている。ヒマラヤ山脈には地球上でもっとも高い山がある。

場　所　パキスタン北部からインド、
　　　　ネパール、ブータン、中国まで
最高峰　エベレスト（ネパール）、8,848m
長　さ　3,800km

グレートディヴァイディング山脈
Great Dividing Range

グレートディヴァイディング山脈はオーストラリアをつくる重要な地形のひとつ。大分水嶺山脈ともよばれ、マーレー川やダーリング川などオーストラリアの主要な川の源となっている。グレートディヴァイディング山脈はオーストラリア大陸の東部沿岸に沿って伸び、南に最高峰がある。

場　所　オーストラリア、クイーンズランド州ヨーク岬半島から東海岸沿いにタスマニアまで
最高峰　コジアスコ山（オーストラリア）、2,229m
長　さ　3,600km

サザンアルプス山脈
Southern Alps

ニュージーランドのアルプスといわれるサザンアルプス山脈は太平洋プレートとオーストラリアプレートの衝突によってできた。サザンアルプス山脈は中央付近が一番高い。西側の斜面に向かって吹く風が一年を通して雨をもたらすので、西側斜面は森林でおおわれる。

場　所　ニュージーランド南島、北東から南西まで
最高峰　クック山（ニュージーランド）、3,724m
長　さ　500km

南極横断山脈
Transantarctic Mountains

大きく曲がりながら伸びる南極横断山脈は南極大陸を東の大南極と西の小南極に分ける。西側と比べると東側の方が高い。南極横断山脈とその周辺には現在も活動中の火山が多い。デセプション島もそのひとつ。

場　所　南極大陸、オーツランドから南極半島まで
最高峰　ビンソン・マッシーフ山（南極大陸）、4,897m
長　さ　3,500km

火 山

火山は地殻に開いた大きな開口部で、地下からマグマ、灰、熱いガスを噴き出します。同時にこのような噴火によってつくられた構造体でもあります。火山の噴火は広い範囲に被害をおよぼします。

ここに注目！
種 類
火山には形やでき方によって、いろいろな種類がある。

クレーターレイク
Crater Lake

約7,000年前、マザマ山が大噴火して陥没しカルデラ（大きなくぼ地）ができた。長い時間が経つうちに雨や雪がたまり、カルデラは水をたたえる湖、クレーターレイクになった。クレーターレイクには岩石や鉱物、植物や動物の遺体を運び入れる川が流れこまないので、水がとても澄んでいる。

場 所 アメリカ合衆国オレゴン州カスケード山脈の南
種 類 崩壊した成層火山
標 高 2,490m

キラウエア火山
Kilauea

キラウエア火山はハワイ諸島をつくった火山の中でもっとも活発に活動している。深さ4,000mを超える海底からそびえ立つ。キラウエア火山から流れ出る溶岩は1983年以降で100km² 以上も広がっている。

場 所 アメリカ合衆国ハワイ島南東部
種 類 盾状火山
標 高 1,222m

▲成層火山は斜面の急な円錐形をしている。溶岩と火山灰が何層にも重なっている。

▲盾状火山は粘性の低い玄武岩質溶岩が流れてできる。傾斜はなだらかで、すそ野が広い。

▲海底火山は海底に存在する火山。噴火は海面まで届く場合もあるし、届かない場合もある。

スルツェイ島
Surtsey

1963年11月、アイスランド南部沖で火山が噴火をはじめた。噴煙がおさまると波間に新しい島が現れた。アイスランド政府は北欧神話の火の巨人スルトにちなんでスルツェイ島と命名した。その後もスルツェイ島は火山灰を噴き上げ溶岩を流し続けたが、1967年に活動をぴたりと停止した。

場　所	アイスランドの沖
種　類	海底火山
標　高	174m

エトナ山
Mount Etna

エトナ山はヨーロッパで一番標高の高い活火山。ほぼいつも噴火している。エトナ山から噴き出される玄武岩質溶岩はすべての方向に向かって流れおりる。

場 所	イタリア南西部シチリア島東部
種 類	成層火山
標 高	3,350m

キリマンジャロ
Mount Kilimanjaro

アフリカ東部のサバンナにそびえ立つキリマンジャロはアフリカ大陸の最高峰。三つの火山円錐丘（キボ峰、マウエンジ峰、シラ峰）からできている。中央のキボ峰が一番高く、一年中雪をかぶっている。

場　所	タンザニア北東部、大地溝帯の南端
種　類	成層火山
標　高	5,892m

富士山
Mount Fuji

日本で一番高い山。富士山は1万1,000年前に古い火山の上で成長をしはじめた。噴火口から流れ出した溶岩が、わずか3,000年で現在の姿の80%をつくった。

場　所	日本、東京南西部
種　類	成層火山
標　高	3,776m

エレバス山
Mount Erebus

地球上でもっとも南にある活火山。南極のロス島にある三つの大きな火山のひとつ。エレバス山は氷河でおおわれるが、頂上の噴火口はいつも溶けた溶岩をたたえている。このような火山はめずらしい。

場　所	南極ロス海、ロス島
種　類	成層火山
標　高	3,794m

1991年、ピナツボ山の噴火により地球の気温は1年で0.5℃下がった

火山灰の雲 火山が噴火すると火山灰が数日間は降り注ぐ。火山灰は大気中に広がり日光をさえぎるため気象に影響をあたえる。1991年、フィリピンのピナツボ山の噴火では周辺の土地に火山灰が厚く降り積もった。

火山のつくった地形

地下でマグマが冷えてかたまると、地上ではいろいろな変化が現れます。温かい水がわき出たり、陥没したくぼ地ができたりします。火成岩もマグマからできています。

ここに注目！
溶岩
地表に噴き出したマグマを溶岩という。溶岩は冷えるとさまざまな形に変わる。

イエローストーンのカルデラ
Yellowstone Caldera

イエローストーン国立公園の巨大カルデラは直径72 km。その中に約200個の間欠泉（一定の周期で水蒸気や水を噴き出す温泉）がある。そのほかにも噴気孔（水蒸気やガスの噴き出す穴）、沸騰している泥池、湯のわき出る温泉などがたくさんある。

場　所　アメリカ合衆国ワイオミング州
　　　　イエローストーン国立公園
種　類　間欠泉、温泉、噴気孔
形成時期　60万年前

▲ パホイホイ溶岩はなめらかに速く流れる熱い溶岩。冷えると表面はしわの入った縄のような形になる。

▲ 玄武岩質溶岩はパホイホイ溶岩よりも厚みがあり、粘度も高くゆっくり流れる。冷えると表面はでこぼこになる。

▲ 枕状溶岩は水中で溶岩が噴出したり、溶岩が水と接触したりするとできる。枕のような形の溶岩。

デビルスタワー
Devil's Tower

デビルスタワーは、火山内のマグマの通り道でかたまったマグマ（岩栓または岩頸）。長い時間が経つ中でまわりの堆積岩が侵食され、火成岩でできた岩栓だけが残り、タワーのように高くそびえ立つ。

場　所　アメリカ合衆国ワイオミング州グレートプレーンズ

種　類　岩栓

形成時期　4000万年前

1万本の煙の谷
Valley of Ten Thousand Smokes

1912年、ノバルプタ火山が噴火してユカック谷を火山灰でうめつくした。火山灰におおわれた水が火山灰の熱で温められ灰の表面まで噴き出し、その後15年間、数千もの裂け目から蒸気が細くたなびき続けた。名前はこの光景に由来する。

場　所　アメリカ合衆国アラスカ半島

種　類　噴気孔

形成時期　100年前

エル・キャピタンとハーフドーム
El Capitan and Half Dome

たくさんの貫入岩体からなる巨大な火成岩の塊を底盤（バソリス）という。底盤は山をつくることもある。シエラネバダ・バソリスの一部をなすヨセミテ渓谷にはまっすぐ切り立った巨大な花崗岩の崖や岩壁がある。エル・キャピタンは谷底から900m以上もそそり立つ、ヨセミテ渓谷で一番高い岩壁。ハーフドーム（写真）はヨセミテ渓谷で一番傾斜の急な岩壁。氷河によってドームが半分削り取られ、現在のような形になった。

場　所　アメリカ合衆国カリフォルニア州シエラネバダ・ヨセミテ国立公園

種　類　底盤

形成時期　8200万年前

ジャイアンツ・コーズウェー
Giant's Causeway

ジャイアンツ・コーズウェーは約6000万年前に起きたはげしい火山活動によってできた。流動性の高い玄武岩質溶岩が大量に噴出して冷えた結果、海岸沿いに約4万本の六角形の柱が現れた。

場　所　イギリス、北アイルランド、アントリム州最北端

種　類　割れ目

形成時期　5000万〜6000万年前

アイル山地
Aïr Mountains

アイル山地は三つの大陸プレートの衝突により火山が噴火してできた。環状岩脈（火山のまわりに環状に連なる火成貫入岩の岩脈）でできている。環の直径は約60km、岩脈の厚さは200mになる。

ホイン・シル
Whin Sill

既存の岩の割れ目にマグマが入りこむと火成貫入岩ができる。このうちとくに冷えて平らな層となった岩体をシルという。シルのたくさん集まったホイン・シルは地殻の下から上昇したマグマが広がってできた。ホインとは地元の言葉でかたくて黒い石を意味する。

場　所　イギリス、ペナイン山脈北部の丘
種　類　シル
形成時期　2億9500万年前

場　所　アフリカ、サハラ砂漠南部ニジェール北部
種　類　環状岩脈
形成時期　4億1000万年前

火山のつくった地形 | 35

岩　　石

岩石は地球の地殻をつくる、1種類または複数の鉱物でできたかたい物質です。岩石はでき方によって大きく次の3種類に分けられます。マグマがかたまってできた火成岩、岩石のかけらや有機物が積み重なってできた堆積岩、熱や圧力の作用を受けてできた変成岩です。

花崗岩
Granite

花崗岩はマグマが地下深くでゆっくり冷えてできた岩石。花崗岩はじょうぶで風化に強い（磨耗しにくい）ため道路や建物の資材としてよく使われる。

種　類　火成岩
生成作用　高熱
鉱　物　カリ長石、石英、雲母
色　白〜赤色、薄緑〜青色、灰〜黒色

玄武岩
Basalt

玄武岩は地球表面上でもっともよく見られる、火山によってできた火成岩。海底の大部分は玄武岩でできている。玄武岩は月にも大量に存在する。

種　類　火成岩
生成作用　高熱
鉱　物　斜長石、輝石、かんらん石
色　灰色を帯びた黒色から新鮮な場合は黒色

片岩
Schist

片岩は山脈内部の地下深くでできる。表面の組織は中程度から粗く、粒が見える。雲母や石英を多く含む。

種　類　変成岩
生成作用　高圧、高熱
鉱　物　石英、雲母、長石
色　さまざま（白色とわずかに灰色、緑色、青色、茶色、黒色など）

粘板岩
Slate

粘板岩は泥が強く押されてできた岩石。強い圧密作用（圧力によって堆積物の粒子間の隙間をせまくする作用）を受けかたくなり、耐水性がある。薄いシート状に割ることもできる。屋根をおおう資材としてよく使われる。

種　類　変成岩
生成作用　圧力
鉱　物　石英、雲母、長石
色　灰色。緑色や紫色も帯びる

大理石
Marble

大理石のなめらかな表面と色は珍重される。彫刻や建造物によく使われる。純粋な大理石は白色だが、含む鉱物の種類によって色にちがいが現れる。

種　類　変成岩
生成作用　熱、圧力
鉱　物　方解石
色　おもに白色、ピンク色、緑色、茶色、黒色

岩　石

石灰岩
Limestone

石灰岩の主成分は方解石。方解石は、海水や海生生物の殻や骨格からできた鉱物だ。石灰岩を燃やすと石灰ができる。
石灰はセメントの原料に使われる。

種　類　堆積岩
生成作用　地表水の沈殿
鉱　物　方解石
色　さまざまだが、おもに白色またはほんの少し淡い黄色、灰色、茶色を帯びる

砂岩
Sandstone

砂岩は大気や水からの沈殿によって生成する、よく見られる岩石。鉱物や岩石の種類に関係なく砂粒ほどの大きさの粒子がかたまってできる。
砂岩は粒の大きさに基づいて分類される。

種　類　堆積岩
生成作用　地表での堆積
鉱　物　石英、長石
色　さまざま（白色、黄色、茶色から赤～黒色まで）

れき岩
Conglomerate

れき岩はれき（砂よりも大きな岩石片）がかたまってできた岩石。れきは大きさで巨れき、大れき、中れきに分けられる。れき岩は粒が粗く、きびしい条件の中で生成するので化石をほとんど含まない。

種　類　堆積岩
生成作用　地表水による圧縮
鉱　物　方解石
色　おもに白色、ピンク色、緑色、茶色、黒色

石炭
Coal

石炭は古代の植物の遺骸が堆積し圧縮されてできた岩石。生物のつくる岩石の一種。現在は重要なエネルギー源のひとつとして暖房や発電に使われる。

種　類　堆積岩
生成作用　植物片の圧縮
鉱　物　粘土鉱物
色　黒色

蒸発岩
Evaporite

鉱物を多く含む、塩濃度の高い水が蒸発すると岩塩や石こうなどの鉱物が残る。このような鉱物からなる岩石を蒸発岩という。蒸発している間に塩の結晶ができるため水晶に似た組織の岩石となる。硝酸塩鉱物を含む蒸発岩は肥料や火薬に利用される。

種　類　堆積岩
生成作用　塩水の表面蒸発
鉱　物　岩塩、石こう
色　多くは白色または淡い黄色や灰色から赤色まで

水晶に似た塊

川

川は海や湖につながる水の流れ道です。大きな川に流れこむ小さな川を支流といいます。川にはとても大きな侵食力があります。ときには山を削り、ときには谷を掘ります。洪水を起こしては川岸を水びたしにして平野を広げていきます。

ミシシッピ川
Mississippi

ミシシッピ川にはたくさんの支流があり、とても大きな水系をつくっている。ミシシッピ川の水系はアメリカ合衆国の半分以上の州におよぶ。洪水による被害をおさえるためにミシシッピ川沿いには堤防がつくられている。

場　所　アメリカ合衆国、カナダと
　　　　ミネソタ州の国境からメキシコ湾まで
長　さ　3,765km
支　流　ミズーリ川、オハイオ川、アーカンザス川、
　　　　テネシー川

アマゾン川
Amazon

流域の広さ、水量の多さともにアマゾン川は世界一の川だ。水がゆっくり流れる場所には、直径2mもの葉をもつオオオニバスなどの植物が茂る。

場　所　ペルーアンデス山脈からブラジルを通り大西洋まで
長　さ　6,516km
支　流　ジュルアー川、マデイラ川、ネグロ川

テムズ川
Thames

テムズ川は、石灰岩でできた丘陵コッツウォルズの温泉から流れ出る。イギリス全土で一番長い川だ。幅の広い谷を流れながら粘土を沈殿させていく。

場　所　ブリテン島イングランド南部、コッツウォルズから北海まで
長　さ　335km
支　流　コルン川、ケネット川、ウェイ川

ドナウ川
Danube

ブレク川とブリガッハ川の合流地点からドナウ川ははじまる。ドナウ川はヨーロッパ一深い峡谷、鉄門峡を流れる。鉄門峡の両岸には高さ800mの崖がそびえ立つ。

場　所　ドイツ南部からルーマニア東部の黒海沿岸まで
長　さ　2,850km
支　流　ドラーヴァ川、サヴァ川、ティサ川

ナイル川
Nile

ナイル川は世界で一番長い川。ナイル川は流域の貴重な水源であり、両岸に肥沃な土地をつくってきた。毎年冬になると雨とエチオピアの山地からの雪解け水が流れこみ、氾らんしては一帯に肥沃な土を運びこんだ。ところが1970年にアスワンハイダムが建設されると周期的な洪水が起きなくなった。このため現在ナイル川流域の農地では人工肥料を使って作物を育てている。

場　所 ビクトリア湖とエチオピア高原から地中海沿岸まで

長　さ 6,695km

支　流 白ナイル川、青ナイル川、アトバラ川

コンゴ川
Congo

コンゴ川流域での暮らしは食べ物も交通路も川に支えられているが、洪水の危険ともとなり合わせだ。コンゴ川の流れは速く、太い川幅のまま大西洋に注ぎこむためデルタ（河口にできる土砂の堆積地帯）ができず、大西洋の沖合の海底まで土砂を運ぶ。

インダス川
Indus

ナイル川と同じくインダス川流域にも世界ではじめての文明が築かれた。インダス川は夏になるとよく氾らんし、流域での生活に被害をもたらす。

場　所　アフリカ東部から大陸を横断し大西洋まで
長　さ　4,667km
支　流　クワ川、ルアラバ川、サンガ川、ウバンギ川

ガンジス川
Ganges

ガンジス川はインドの三大聖河（もっとも聖なる川）のひとつ。ヒンドゥー教では女神としてあがめられている。ガンジス川が海に運ぶ砂とシルトの量は世界で一番多い。

場　所　ヒマラヤ山脈からインドのベンガル湾まで
長　さ　2,510km
支　流　ブラーフマプトラ川、ガーガラ川、ヤムナー川

場　所　チベット高原からヒマラヤ山脈を通りアラビア海まで
長　さ　3,180km
支　流　チェナーブ川、カーブル川、ジェーラム川、サトレジ川

マーレー川
Murray

マーレー川の水は塩分濃度が高いため灌漑と発電以外には使われない。

場　所　オーストラリア、グレートディバイディング山脈からインド洋まで
長　さ　2,844km
支　流　ダーリング川、マランビジー川

1931年、長江（揚子江）が氾らんし
南京市と武漢市をおそった。
約30万人が死亡し、
4000万人が家を失った

壁に囲まれた川
過去2,000年間で長江は100回は氾らんし、そのたびに甚大な被害をもたらした。周辺の地域を洪水から守るために長江の岸には堤防が整備され、ダムが建設されている。

川のつくった地形

川は土地を削り、土砂を運んだり堆積させたりして、流れの先々でさまざまな地形をつくります。滝もデルタも川の流れがつくった地形です。地下に洞くつや通路のあるカルスト地形も川が岩石を溶かしてつくった地形です。

カールズバッド洞くつ
Carlsbad Cavern

カールズバッド洞くつ群国立公園には鍾乳洞が110か所ある。カルシウムなどの鉱物でできた巨大な鍾乳石や石筍のあるカールズバッド洞くつもそのひとつ。約400万年前にできたビッグルームはカールズバッド洞くつの中で一番大きな部屋だ。面積は3万3,210m²におよぶ。

場 所 アメリカ合衆国ニューメキシコ州南部グアダルーペ山脈
種 類 地下洞くつ
川 ペコス川

ナイアガラの滝
Niagara Falls

ナイアガラの滝は世界でも有数の大きな滝。ナイアガラの滝はブライダルベール滝、アメリカ滝、カナダ滝からなる。もともとは1時間に200億リットルの水が流れていたが、現在はダムとトンネルによって水量が調節されている。

場 所 カナダとアメリカ合衆国の国境
種 類 滝
川 ナイアガラ川

ヴェルコール山地
Vercors

ヴェルコール山地のふもとに広がる面積1,000km^{2}のカルスト地形はヨーロッパで最大のカルスト地形。長くて深い洞くつがいくつもある。洞くつにはトンネルや、小さな川や、湖や滝などさまざまな地形が広がる。

場 所 フランス南東部オーヴェルニュ・ローヌ・アルプ地域圏

種 類 カルスト

川 ドローム川、イゼール川

オカバンゴ・デルタ
Okavango Delta

アンゴラから流れ出るオカバンゴ川は巨大な内陸デルタ、オカバンゴ・デルタをつくり、海まで流れずそのまま消滅する。デルタに流れこむオカバンゴ川の水は植物が豊かに茂る湿地帯（年中、沼地のような状態）をつくる。

場 所 ボツワナ北部ンガミランド地区からカラハリ砂漠北部まで

種 類 デルタ、沼地

川 オカバンゴ川

川のつくった地形 | 47

湖

くぼ地に地表水が集まり水をたたえている場所を湖といいます。池くらいの浅い湖もあれば深さ1,000mを超える湖もあります。湖には塩水からなる湖と淡水からなる湖があります。水が流れ出る水路のある湖もあれば、まったく水の出入りのない閉じた湖もあります。

グレートスレーブ湖
Great Slave Lake

グレートスレーブ湖の岸には岩が多い。広い湾がいくつかあり、島も多い。島の大部分は針葉樹の森でおおわれる。グレートスレーブ湖は1年のうち8か月間は凍っている。

場 所 カナダ、ノースウエスト準州マッケンジー山脈東

面 積 2万8,568km²

最大水深 625m

流出河川 マッケンジー川

グレートベア湖
Great Bear Lake

グレートベア湖はカナダ準州の中で一番大きな湖。北部は北極圏に入る。南部の岸には常緑樹が茂り、グリズリーベア（ハイイログマ）の生息地となっている。

場 所 カナダ、ノースウエスト準州と北極圏

面 積 3万1,153km²

最大水深 446m

流出河川 グレートベア川

グレートソルト湖
Great Salt Lake

西半球(グリニッジ子午線から西側の地域)で最大の内陸塩水湖。グレートソルト湖には流れ出る川がなく、蒸発によって水が失われるため塩分濃度がとても高い。グレートソルト湖のまわりには砂と塩原と塩沼がある。

塩の結晶でおおわれた大きな石

場　所　アメリカ合衆国ユタ州北部ロッキー山脈西側

面　積　4,660km²

最大水深　12m

流出河川　なし

ラドガ湖
Lake Ladoga

ラドガ湖はヨーロッパで最大の湖。氷河が削ってできたくぼみが湖となった。北部の岩だらけの高い崖近くの水深が一番深い。南部はずっと浅く、湖岸も低い。1月から5月まで湖全体が凍る。

場　所　ロシア北西部カレリア地方

面　積　1万8,135km²

最大水深　230m

流出河川　ネヴァ川

バイカル湖
Lake Baikal

バイカル湖は世界で一番古い湖。約2500万年前にできた。現在も毎年約2.5cmずつ広がっている。世界で一番深い湖でもある。地球の地表水（淡水）の20％はバイカル湖にある。

場　所　ロシア中央シベリア高原南部、モンゴルとの国境近く
面　積　3万1,500km²
最大水深　1,741m
流出河川　アンガラ川

カスピ海
Caspian Sea

カスピ海は世界で一番大きな湖。かつては開けた海だったがプレートが移動したために陸に閉じこめられた。カスピ海の水位は季節によって大きく変わり、湖水の蒸発量や川の流量に影響をあたえる。

死　海
Dead Sea

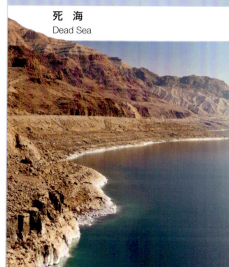

場　所　アゼルバイジャン、イラン、カ
　　　　　ザフスタン、ロシア、トルクメニスタンの国境
面　積　37万4,000km²
最大水深　1,025m
流出河川　なし

ボストーク湖
Lake Vostok

ボストーク湖は現在発見されている、南極大陸の下にある氷底湖の中で一番大きい。大陸をおおう厚さ4kmほどの氷の下にある。

場　所　南極東部の氷床の下
面　積　1万4,000km²
最大水深　800m
流出河川　なし

死海は世界で一番低い場所にある湖。海抜－400m。陸上で一番低い場所でもある。湖水がとても速く蒸発しているため湖は縮み続け、湖面は毎年1mずつ下がっている。蒸発によって塩分濃度も高くなり、生物がほとんど生息していないことから死海という名前がついた。

場　所　紅海の北、イスラエルとヨルダン国境
面　積　1,020km²
最大水深　426m
流出河川　なし

湖 | 51

湿地

水はけが悪く、いつも水にひたっている場所を湿地といいます。水につかった森林の広がる湿生林、草やヨシにおおわれる沼地、島やサンゴ礁で海と隔てられた浅瀬（潟や礁湖）など、いろいろな種類の湿地があります。

グレートディズマル湿地
Great Dismal Swamp

グレートディズマル湿地の水底は倒木などの植物でおおわれ、中央には円形の淡水湖ドラムンド湖がある。湿生林は海抜の低いくぼ地などでよく見られるが、グレートディズマル湿地は海面よりも高い場所にあるめずらしい湿生林だ。

場　所　アメリカ合衆国ノースカロライナ州、バージニア州、大西洋から約40km内陸
種　類　湿生林
面　積　1,550km^2

エバーグレーズ
Everglades

オキーチョビー湖から出た水は低地をゆっくり流れメキシコ湾に至る。この流れがエバーグレーズ湿地をつくる。エバーグレーズでは広い範囲にススキが茂る。ススキの葉の縁はとても鋭いので服を切ることもある。

場 所 アメリカ合衆国フロリダ州オキーチョビー湖からフロリダ湾まで
種 類 湿生林、沼地
面 積 1万 km²

リャノ
Llanos Wetlands

毎年5月、リャノの草原に大雨が降ると冠水して木の生えた島ができる。水につかった一帯には水鳥が生息する。とくに絶滅危惧種のショウジョウトキの約90%はリャノの湿地に生息している。

場 所 ベネズエラ西部オリノコ川とその流域
種 類 湿生林、沼地
面 積 1万 km²

パンタナル
Pantanal

パンタナルはパラグアイ川の上流の3分の1をしめる、世界で一番大きな淡水の湿地。毎年パラグアイ川が氾らんするたびにパンタナル湿地がスポンジのようなはたらきをして余分な水を吸いこむ。

場　所　ブラジル、マットグロッソ州、マットグロッソ・ド・スル州、ボリビア、パラグアイ

種　類　湿生林、沼地

面　積　13万km²

カマルグ
Camargue

カマルグには大きなフラミンゴやセイタカシギといった鳥類やめずらしい品種の白い馬が生息する。

場　所　フランス、ローヌ三角州

種　類　潟、沼地

面　積　850km²

スッド
Sudd

スッドは一面にヨシやパピルス草（カミガヤツリ）の茂る沼地。水草ホテイアオイの浮島にびっしりおおわれた場所もある。スッドの東部では未完成のまま中止となった運河計画の残した巨大な溝が大型哺乳類の移動をさまたげる。

場　所　南スーダン、白ナイル川流域

種　類　沼地

面　積　3万4,500km²

スンダルバンス
Sundarbans

スンダルバンスでは潮の入ってくる川とその河口が網目状の水路をつくり、平らな島々を取り囲む。島は湿地で、森林がびっしりおおう。スンダルバンスにはアクシスジカやベンガルトラをはじめさまざまな野生動物が生息する。

場 所　インド、コルカタとバングラディシュ、チッタゴンの間
種 類　湿生林、沼地
面 積　1,770km²

クーロン
Coorong

クーロンは、砂丘でできた細い半島によって南極海と隔てられた潟。浅瀬が長く続く。クーロンは230種以上の鳥類が生息するオーストラリアで一番の野鳥観察地だ。

場 所　オーストラリア、マーレー川の河口
種 類　潟
面 積　200km²

氷河

氷河は、解けることなく積み重なった雪が長い時間をかけて巨大な氷の塊に変わったものです。大きな氷帽や氷床以外のほとんどの氷河は山を下り谷へ流れます。海にたどり着いた氷河が割れると氷山になります。

ハバード氷河
Hubbard Glacier

ハバード氷河は1世紀以上にわたって前に進み続けている。このまま進むとアラスカのラッセルフィヨルドから湾につながるせまい水路をふさいでしまう。フィヨルドの湾口が永遠に閉じられると水があふれ洪水になるおそれがある。

マラスピナ氷河
Malaspina Glacier

マラスピナ氷河は世界で一番大きな山麓氷河。山麓氷河は、山から流れてきた氷河が谷から平野へ達し広がってできる。

場 所 アメリカ合衆国アラスカ州セントエリアス山麓

種 類 山麓氷河

面 積 3,900km²

グリーンランド氷床
Greenland Ice Sheet

グリーンランドの80％をおおうグリーンランド氷床は平均の厚さが1,790m。北半球最大の氷の塊。大西洋北部を漂う氷山のほとんどはグリーンランド氷床が割れてできた。グリーンランド氷床には世界の淡水の10％が含まれている。

場　所	カナダ、セントエリアス山から アメリカ合衆国アラスカ州南東部まで
種　類	谷氷河
面　積	3,500km²

ヴァトナヨークトル氷河
Vatnajökull Icecap

ヴァトナヨークトル氷河はヨーロッパで一番大きな氷河。いくつかの山をすっぽりおおっている。火山の上部をおおう場所では熱によって氷河の下部が解け、氷河の下に湖ができている。

場　所	アイスランド南東部
種　類	氷帽（陸地をおおう5万km²以下の氷河）
面　積	8,100km²

場　所	グリーンランドの北極圏
種　類	氷床
面　積	180万km²

南極氷床
Antarctic Ice Sheet

世界で一番大きな氷の塊。南極氷床はとても重い。地殻を約900m押し下げたほどだ。南極氷床には地球の淡水の70％以上が含まれる。

場　所	南極
種　類	氷床（陸地をおおう5万km²以上の氷河）
面　積	1254万km²

氷河 | 57

南極の冬は
とてもきびしい。
この時期に子を産む動物は
コウテイペンギンなどほんの
数種類の鳥類だけだ

寒い集団繁殖地 コウテイペンギンは冷たい南極氷床で生き残るために、氷崖や氷山が風をさえぎってくれる場所に集団繁殖地をつくる。たくさんの個体が身を寄せ、順番に中心部に移動して交代で暖まる。

氷河のつくった地形

氷河は少しずつ流れながら山岳地帯にめずらしい地形をつくります。大きな氷の塊は地面を削って谷をつくり、山を平らにすることもあります。岩くずを巻きこんで遠くまで運んだりもします。氷河が解けてはじめて姿を表す地形もあります。

ヨークシャーの迷子石
Yorkshire Boulder

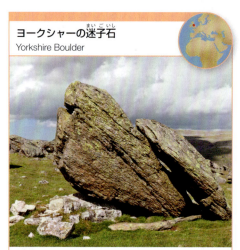

氷河は大きな岩を遠くまで運ぶことができる。ヨークシャーには氷河に運ばれ、氷河が解けたときにちょうど新しい岩の上に落ちた大きな岩の塊がある。氷河に運ばれ取り残された岩を迷子石という。

場 所	イギリス、ヨークシャー州
種 類	迷子石
氷 河	氷床

ミュルダーレンの懸谷
Muldalen Hanging Valley

大きな氷河には小さな氷河(支流の氷河)が流れこんでいることが多い。大きな氷河が地面を削り深い谷をつくるとき、それほど深くえぐれない支流の氷河は高い場所に谷をつくることになる。このような谷を懸谷という。懸谷は滝になって深い谷と合流することが多い。ミュルダーレンの深い谷にも小さな懸谷から滝が流れこむ。

場 所	ノルウェー、ターフィヨルド近くのミュルダーレン
種 類	懸谷
氷 河	懸谷氷河

クルー湾
Clew Bay

氷河の流れる方向に砂が堆積してできた長いだ円形の丘を氷堆丘という。クルー湾にはいくつもの氷堆丘が島となって連なっている。

場　所	アイルランド、メイヨー州
種　類	氷堆丘
氷　河	谷氷河

グリレフィヨルド圏谷
Gryllefjord Cirque

発達している谷氷河の先端にある、お椀形にえぐられた地形を圏谷（カール）という。氷河の侵食作用によってできる。グリレフィヨルド圏谷には二つの圏谷があり、その境を細く長い稜線が走る。このような稜線をやせ尾根（アレート）という。

場　所	ノルウェー、グリレフィヨルド
種　類	圏谷
氷　河	圏谷氷河

ドルマラ峠の湖
Dolma La Pass Lake

ドルマラ峠にある湖は、氷河がつくった陥没湖。氷河から割れ落ちた氷の塊が地面にうまり、その後解けてできた円形の穴に水がたまって湖となった。

場　所	チベット、ドルマラ峠
種　類	陥没湖
氷　河	谷氷河

氷河のつくった地形

砂漠

年平均降水量が250mm以下の地域を砂漠といいます。暑い砂漠は一年を通して高温ですが、寒い砂漠には凍るような寒い冬が訪れます。

ここに注目！
地形
砂漠には山や高原や平原などさまざまな地形がある。

グレートベーズン砂漠
Great Basin Desert

標高が高く、北に位置するグレートベーズン砂漠はアメリカ合衆国でただひとつの寒い砂漠。数種類のサボテンのほかにヤマヨモギ、ブラックブラシ、ハマアカザといった植物が生育する。

場 所 アメリカ合衆国オレゴン州、アイダホ州、ネバダ州、ユタ州、ワイオミング州、コロラド州、カリフォルニア州
種 類 砂、礫 **面 積** 49万km²
降水量 250mm

アタカマ砂漠
Atacama Desert

アタカマ砂漠は世界で一番乾燥している場所。これまでに一度も雨の降ったことのない不毛地帯もある。アタカマ砂漠の一部地域では、沿岸で発生する霧から水分を吸うサボテンなどが生育する。

場 所 チリ北部の沿岸アンデス山脈西側、アリカとバエナルの間
種 類 岩石、岩塩
面 積 36万km²
降水量 15mm以下

▲砂漠の岩石は濃い色の薄い皮膜（砂漠うるし）でおおわれることがある。砂漠うるしでおおわれた岩の多くには古代の絵が描かれている。

▲広い砂漠の中にまわりから孤立した丘がある。このような丘を島山（インゼルベルグ）または残丘という。

▲砂丘は、砂漠をわたる風がつくる砂の丘。砂丘は形も大きさも場所によってさまざまだ。

サハラ砂漠
Sahara Desert

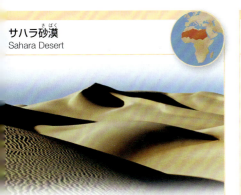

サハラ砂漠は世界で一番大きな暑い砂漠。面積はアメリカ合衆国と同じくらいだ。サハラ砂漠の砂は赤みを帯びる。サハラ砂漠は砂砂漠（エルグ）または砂海としてよく知られ、砂砂漠の広がる場所では砂は100mも積もり、いろいろな形の砂丘が見られる。

場　所	大西洋から紅海まで、アフリカ北部の大部分
種　類	砂、礫、石
面　積	907万 km²
降水量	20〜400mm

ナミブ砂漠
Namib Desert

ナミブ砂漠は沿岸にあるため海から霧が流れこむ。霧に含まれる水分を利用するめずらしい植物が生育する。中でも一生の間に2枚しか葉をつけず、寿命は数百年におよぶウェルウィッチアはよく知られる。

場　所	ナミビア大西洋沿岸から北のアンゴラ南部まで
種　類	礫、砂
面　積	14万 km²
降水量	15〜100mm

カラハリ砂漠
Kalahari Desert

カラハリ砂漠は南はオレンジ川、北はザンベジ川にはさまれる。カラハリ砂漠には砂がうねのように伸びている場所が多い。乾いた湖の点在する地域や塩でおおわれた平原もある。カラハリ砂漠では狩猟採集民のサン族が約4万人暮らす。

場　所　ボツワナ南部から西はナミビア、南は南アフリカまで
種　類　砂
面　積　57万km²
降水量　125～500mm

アラビア半島
Arabian Peninsula

アラビア半島には大きな砂漠がいくつかある。南に広がるルブアルハリ砂漠（英語名はエンプティ・クォーター、「何もない4分の1」という意味）はフランスと同じくらいの面積をしめる。

場　所　シリアからイエメン、オマーン、紅海東部まで
種　類　砂、礫
面　積　246万km²
降水量　50～200mm

ゴビ砂漠
Gobi Desert

ゴビ砂漠には変化に富んだ地形が多い。岩だらけの山があり、広い谷や平原もある。砂は思いのほか少ない。ゴビ砂漠の中心地域には石が多く、植物はほとんど生育しない。西部はとても乾燥する。

場　所　モンゴル南部、中国北部から万里の長城まで
種　類　石、礫、砂
面　積　130万km^2
降水量　10～250mm

グレートサンディ砂漠
Great Sandy Desert

オーストラリアのほとんどの砂漠と同じくグレートサンディ砂漠の砂も酸化鉄（さびと同じ）でおおわれるため明るい赤色だ。グレートサンディ砂漠の砂丘は風によって絶えず形を変えることでよく知られる。

場　所　オーストラリア北西部、インド洋沿岸まで
種　類　礫、砂
面　積　40万km^2
降水量　250～300mm

動く石 カリフォルニア州モハヴェ砂漠(さばく)のデスバレーは北アメリカ大陸で一番低く、一番暑く乾燥(かんそう)した場所。大きな石が長距離(ちょうきょり)を移動(いどう)する現象(げんしょう)が見られる。なぜ動くのかはよくわからない。

デスバレーでは重さ300kgの巨大な石が移動し、地面に動いたあとを残す。なんとも不思議な現象だ

森　　林

ここに注目！
森　林

森林をつくる樹木はおもに常緑樹と落葉樹の2種類。

▲ マツなどの常緑樹はいっせいに葉を落とさないので一年中、緑色のままだ。

▲ カエデやカバノキなどの落葉樹は秋になると葉を落とし、はだかのまま冬をすごす。春になると葉が成長をはじめる。

樹木がびっしり生い茂っている場所を森林といいます。地球上の陸地の約30％は森林でおおわれています。樹木の生長を支えられるだけの気温と降水量が保たれている地域に森林は広がります。酸素を放出し、食べ物の宝庫でもある森林にはさまざまな野生動物が生息します。

北アメリカの北方林
North American Boreal Forest

北方林は北半球の寒い地域にある。北アメリカの北方林は一年の大半を雪におおわれる。林冠はおもにクロトウヒとカナダトウヒがしめる。どちらも極寒で生育できる樹木だ。北方林の北には、きびしい環境のため樹木が育たない北極ツンドラが広がる。

場　所　アメリカ合衆国アラスカ州中部からカナダ、ラブラドール地方中部まで
種　類　北方林
面　積　625万 km^2

カリフォルニアの針葉樹林
California Coniferous Forest

カリフォルニアの針葉樹林といえば世界最大の木ジャイアント・セコイアがあることで有名だ。ジャイアント・セコイアは2,000年以上も生長し続け、高さ100m近くにまで伸びる。

場 所 アメリカ合衆国カリフォルニア州シエラネバダ山脈

種 類 温帯常緑樹林

面 積 4万3,600km²

太平洋岸北西部の森林
Pacific Northwest Forest

北アメリカ大陸の太平洋岸北西部は豊富な降水量と海からの霧のおかげで大きな樹木の生育に理想的な環境となっている。セコイア、ベイマツ、シトカトウヒ、アメリカツガなどが茂る。

場 所 アラスカ湾からカナダ、アメリカ合衆国カリフォルニア州北部まで

種 類 温帯雨林

面 積 120万km²

アマゾンの熱帯雨林
Amazon Rainforest

アマゾンには世界最大の熱帯雨林が広がる。アマゾンの熱帯雨林はアマゾン川のほぼ全流域をおおう。世界中の植物、動物、昆虫の全種類の半分以上がこの熱帯雨林に生息する。

場 所 南アメリカ、アンデス山脈から大西洋まで

種 類 熱帯雨林

面 積 600万km²

> アマゾンの熱帯雨林の奥深くには、外の世界といっさい交わったことのない部族が暮らしている。

ヨーロッパの混交林
European Mixed Forest

ヨーロッパ、とくに中央ヨーロッパの低地と丘陵帯の多くは混交林におおわれる。天候や土壌の種類、雨水の排水性などによって生育する樹木は異なる。カシ、ブナ、セイヨウシナノキ、トネリコ、ニレ、カバノキ、ハンノキなどが生える。

場　所　イギリス諸島からロシア西部まで
種　類　温帯落葉樹林、温帯常緑樹林
面　積　400万 km²

ユーラシアの北方林
Eurasian Boreal Forest

中央アフリカの熱帯雨林
Central African Rainforest

アフリカ大陸の全熱帯雨林の80%はアフリカ中央部の熱帯雨林がしめる。コンゴ民主共和国の熱帯雨林には約1万1,000種の植物、400種以上の哺乳類が生息する。ウガンダ、ルワンダ、ブルンジの山林地帯はマウンテンゴリラの生息地として知られる。

場　所　カメルーン、赤道ギニア、ガボンからウガンダ、ブルンジまで
種　類　熱帯雨林
面　積　190万 km²

ユーラシアの北方林の大部分は、ドイツトウヒやヨーロッパアカマツなど常緑針葉樹林からなるが、カラマツ、カバ、ハンノキ、ナナカマドなど落葉樹の生育する北方林もある。常緑針葉樹と落葉樹が混在する地域もある。

場　所　スカンジナビア西部からヨーロッパ北部、アジア北部から太平洋まで
種　類　北方林
面　積　875万 km²

マダガスカルの熱帯雨林
Madagascan Rainforest

マダガスカル島は約1億3500万年前にアフリカ大陸から分離した。マダガスカルの熱帯雨林は島の東側に集中する。マダガスカルは隔離された島なので生息する植物の80％、は虫類の95％（300種。この中には世界中のカメレオン種の3分の2が含まれる）はマダガスカルに固有の種だ。

場　所　マダガスカル、マソアラ半島
種　類　熱帯雨林
面　積　3万8,000km²

森　林 | 71

北東アジアの混交林
Northeast Asian Mixed Forest

北東アジアの混交林はおもにマツ属、モミ属、トウヒ属、トネリコ、カエデ、ボダイジュ、クルミからなる。ジャコウジカや希少なアムールトラなどの野生動物が生息する。

場　所	中国北東部、韓国、ロシア南東部、北日本
種　類	温帯落葉樹林、温帯常緑樹林
面　積	320万 km²

オーストラリア北東部の熱帯雨林
Northeast Australian Rainforest

オーストラリア北東部の沿岸では山脈の東側斜面に熱帯雨林が広がっている。年平均降水量は1,500mmを超える。高さ20～40mほどの樹木が生育する。

場 所 クイーンズランド州北東部ケープヨークから南はコンノース山地まで
種 類 熱帯雨林
面 積 1万500km²

ウォレミマツの林
Wollemi Pine Forest

ウォレミマツは2億年前にすでに地球上に誕生していたナンヨウスギ科のなかま。絶滅したと考えられていたが1994年にオーストラリアの、人の手の入っていない隔絶された場所で発見された。野生に生育する成長したウォレミマツは100本ほどしかない。

場 所 オーストラリア、シドニー盆地西端
種 類 温帯雨林
生育地 ウォレマイ国立公園の限られた場所。公にされていない

草　　原

草原には砂漠にならない程度の雨は降りますが、樹木がうっそうと生い茂るほどまでは降りません。草原には温帯草原と熱帯草原の2種類があります。温帯の草原には暑い夏と寒い冬が訪れ、一年を通して雨が降ります。熱帯の草原（サバンナ）では雨季と乾季がはっきり分かれます。

グレートプレーンズ
Great Plains

グレートプレーンズは北アメリカに広がる草原の中で群を抜いて大きい。とても肥沃な土地のため現在では大部分が農地として利用されている。手つかずの野生の状態で残っている土地はわずか1%だけ。

場　所　北アメリカ、ロッキー山脈とミシシッピ川の間
種　類　温帯
面　積　300万 km²

パンパ
Pampas

パンパは場所によって地形がちがう、とても広い平原。東側は一年を通して温暖な気候が続き、羽毛のような花穂をつける背の高いパンパスグラス（シロガネヨシ）が茂る。アンデス山脈に近い方はとても乾燥していて半砂漠だ。

場　所　アルゼンチン北部、ウルグアイ、アンデス山麓の丘から大西洋まで
種　類　温帯
面　積　70万 km²

セレンゲティ
Serengeti Plains

セレンゲティは草原と森林の入り混じった平原。アフリカで一番多くの草食動物が生息する場所でもある。毎年夏になり草が乾燥すると130万頭のヌー、20万匹のシマウマ、4万匹のトムソンガゼルが新鮮な草と飲み水を求めてセレンゲティを横断し北部に移動する。

場　所　タンザニア北西部、ビクトリア湖の東からケニア南東部まで
種　類　熱帯
面　積　2万3,000km²

中央アジアのステップ
Central Asian Steppes

中央アジアのステップでは気温がはげしく変化するが、動物はうまく適応している。たとえばオオハナレイヨウは冬になると羊のような毛をたっぷり生やし体を温める。夏になると赤っぽい薄い毛に変わる。

場　所　ウクライナからロシア、カザフスタンを経てモンゴル、中国まで
種　類　温帯
面　積　250万km²

オーストラリアのサバンナ
Australian Savanna

オーストラリアのサバンナには草がびっしり茂り、木がまばらに生える。オーストラリアのサバンナは内陸の暑い砂漠と北部沿岸の森林との間に帯状に広がる。冬は寒く乾燥し、夏は暑く湿度が高い。

場　所　西オーストラリア州北部から北部準州を経てクイーンズランド州まで
種　類　熱帯
面　積　120万km²

ツンドラ

ツンドラはほとんど樹木の生えていない広大な土地です。地球上の陸地の約20％をしめます。地面は一年の大半が凍ったままです。場所によっては春と夏に一番上の土の層が解けます。2年以上、地面が凍ったままの状態を永久凍土といいます。

北アメリカのツンドラ
North American Tundra

北アメリカのツンドラはほぼ平らの荒野だが、場所によってはポリゴン（多角形を示す地面の割れ目）やピンゴ（地下の氷が地面を押し上げてできた丘）といった地形が現れる。数は少ないが山脈もある。春になると氷も雪も解け、地衣類やコケ類が姿を現し、極地植物が花をつける。

場　所　アメリカ合衆国アラスカから
　　　　カナダ北部を通り、グリーンランド沿岸部まで
面　積　530万km^2
気　温　−60〜24℃
降水量　50〜200mm

ユーラシアのツンドラ
Eurasian Tundra

ユーラシアのツンドラには、シベリアの凍った状態の湿原から北極海南部の群島までさまざまな地形が見られる。コケ類やイグサなど小さくて、寿命の長い植物がたくさん生育する。ツンドラで植物が生長する期間は5月から7月までのわずか90日間。この暖かい時期には、移動する習性の動物もたくさんツンドラを訪れる。

場 所 西はアイスランドからスカンジナビア北部を通り、ロシア北部、シベリア北部まで
面 積 330万 km²
気 温 −60〜25℃
降水量 200〜300mm

> 夏になると2億羽を超えるカモやガンなどが越冬地からユーラシアのツンドラにもどってきて繁殖をする。

ツンドラの色 ツンドラでは夏になると気温が上がり、凍っていた地表の土が解け小さな池をつくる。解けた土の上ではかろうじて植物が繁殖し、冬を迎える。春になるといっせいに花をつけ、あたり一面に色とりどりの景色が広がる（写真）。

農村部

農業は約1万年前に中東ではじまりました。現在では世界中で20億人が農業に従事し、土地を耕やして作物を育てたり（耕作）、牛や豚などの家畜を飼育したり（畜産）しています。地域ごとの天候、標高、土壌の状態、経済、土地の習わしといった要因によって、それぞれ特徴ある耕作や畜産が行われています。

穀物の栽培
Cereal Cultivation

人間が最初に栽培した植物は穀物だった。穀物とは食べることのできる種子を収穫するために栽培される植物。穀物は重要なエネルギー源であり、現在も大量に栽培されている。小麦、米、とうもろこしで世界の食糧の半分以上をまかなう。ライ麦、オーツ麦、大麦なども穀物だ。

種類 耕作
面積 3600万 km²
おもな国 中国、アメリカ合衆国、インド、ロシア

牛の飼育
Cattle Farming

牛は肉も乳も利用できる重要な家畜。牛を放牧して飼育するには広大な土地が必要となる。北アメリカ、南アメリカ、オーストラリアには世界でも指折りの大きな牧場がある。

種類 畜産
面積 2900万 km²
おもな国 アメリカ合衆国、中国、ブラジル、アルゼンチン、オーストラリア

米の栽培
Rice Cultivation

米を栽培するにはたくさんの水が必要だ。丘陵地帯では階段のように田をつくり水をはる。米がはじめて栽培されたのはアジアだった。アジアは現在でも世界最大の米の産地だ。

種類 耕作

面積 1200万 km^2

おもな国 中国、インド、インドネシア、バングラディシュ、ベトナム

プランテーション農業
Plantation Agriculture

1種類の作物だけを栽培する大規模な農園をプランテーションという。大量に流通する、暖かい天候で生育する作物のほとんどはプランテーションでつくられている。代表的なプランテーション作物は茶、コーヒー、バナナ、アブラヤシ、ココア、サトウキビ、綿など。

種類 耕作　　**面積** 800万 km^2

おもな国 マレーシア、ブラジル、メキシコ、インド、キューバ

混合農業
Mixed Farming

1種類ではなくさまざまな作物を栽培し、家畜を飼育する農業を混合農業という。混合農業の利点は、たとえば1種類の作物あるいは家畜が病気になった場合でも農家の損害をおさえられる点にある。

種類 耕作、畜産

面積 5400万 km^2

おもな国 中国、インド、アメリカ合衆国、ロシア、フランス

都市部

現在、世界の人口の半分は農村部ではなく町や市といった都市部で生活しています。地球上の陸地の約3%が都市部ですが、向こう20年の間に2倍に増えると予測されています。都市は文化、交通、商業、工業の中心です。

サンパウロ
São Paulo

サンパウロは世界でも急成長をしている都市のひとつ。サンパウロの近くには産業発展を導いた鉄鉱石の鉱床がある。ラテンアメリカで一番忙しい港サントスと道路や鉄道でつながっているため、サンパウロは交通の要所でもある。

国	ブラジル
面積	1,525km²
人口	1115万人

ニューヨーク
New York City

ニューヨークはアメリカ合衆国で一番大きな市。世界でも有数の文化の発信地であり、金融の中心地でもある。エンパイアステートビルディングをはじめ背の高い建物の林立する街並みは摩天楼としてよく知られる。

国	アメリカ合衆国
面積	1,215km²
人口	840万人

ロンドン
London

ロンドンは2,000年以上前にローマ人によってテムズ川沿いにつくられた。テムズ川にはタワーブリッジをはじめたくさんの橋がかかる。イギリスの首都ロンドンは世界の金融と演劇の中心でもある。

国　イギリス
面積　1,570km²
人口　828万人

ニューデリー
New Delhi

ニューデリーはインドの首都デリーの一部であり、政治、経済、産業の中心地。インド大統領の官邸ラシュトラパティ・バワンをはじめ政府関係の重要な建物もニューデリーに置かれている。

国　インド
面積　42.7km²
人口　30万人

東京
Tokyo

東京は、3000万人以上が生活する巨大な都市圏の中にある。4枚のプレートの境界が近くにあるため地震がよく発生する。

国　日本
面積　2,190km²
人口　1320万人

海

海は地表の約3分の2をおおっています。海の深さは平均すると3,700mです。海は30億年以上前にできました。陸上に最初の生命体が現れたのは4億5000万年前。それまで生命体は海の中にしかいませんでした。地球内部の力により大陸が動き、それに伴って海も長い時間をかけて広がったり縮んだりしてきました。海と大気の間では熱と水が移動し、世界中の天候に大きな影響をあたえます。

暗がりの中の光 クシクラゲ（写真）など暗い深海に生息する動物の多くが光を放つ。獲物を見つけたり、引き寄せたりするためだ。

海　　流

海面の海水も、海底に近い海水もつねに動いています。海水の流れを海流といいます。海水は赤道から暖かい海水を、極地から冷たい海水を運び循環させています。地球の自転、風、潮汐による海面の変化などによっても海流は影響を受けます。

渦を巻く海流

海面近くの海流は海上を吹く風と地球の自転の影響を受け、大きな渦を巻くように流れる。渦は北半球では時計回り、南半球では反時計回りに巻く。渦を巻く海流は赤道近くの暖かい海水を、冷たい海水のある極付近まで運ぶ。

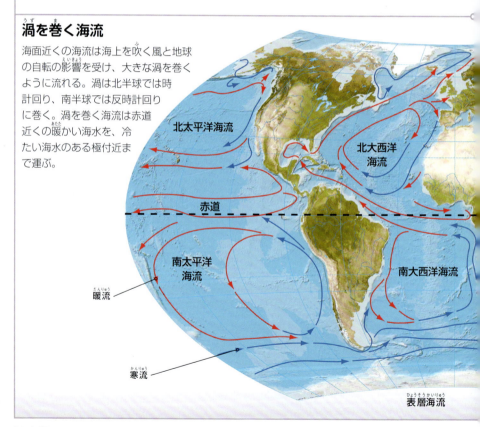

北太平洋海流　北大西洋海流　赤道　南太平洋海流　南大西洋海流　暖流　寒流　表層海流

コンベアベルト

冷たい深海の流れと暖かい表層の流れはつながっていて、地球を取り巻く熱に影響をあたえる。深海の流れから表層の流れへとつながる大きな循環をグローバルコンベアベルトという。

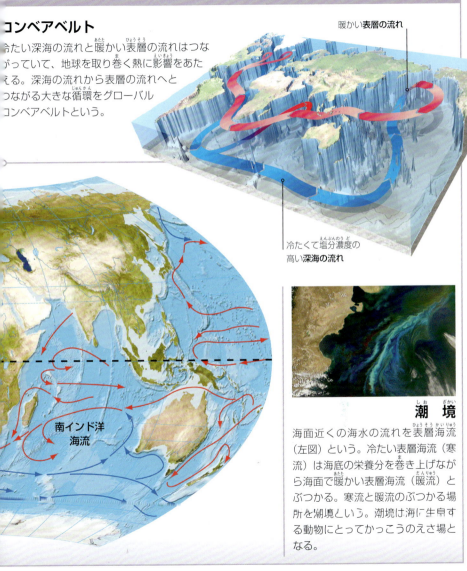

暖かい表層の流れ

冷たくて塩分濃度の高い深海の流れ

南インド洋海流

潮境

海面近くの海水の流れを表層海流（左図）という。冷たい表層海流（寒流）は海底の栄養分を巻き上げながら海面で暖かい表層海流（暖流）とぶつかる。寒流と暖流のぶつかる場所を潮境という。潮境は海に生息する動物にとってかっこうのえさ場となる。

海と大洋

地球には五つの大洋があります。陸と接する大洋の端には海や湾といった小さな海域があります。大洋と小さな海域すべてを合わせると地球の表面の3分の2をしめます。波の下の海底には浅いところではサンゴ礁、深いところでは山脈（海嶺）や平原、溝（海溝）といったさまざまな地形が広がっています。

北極海
Arctic Ocean

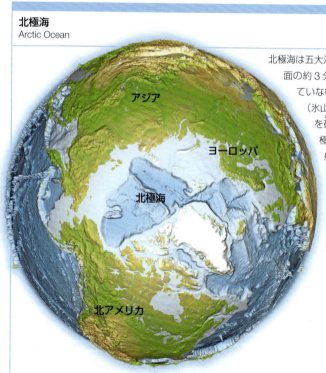

北極海は五大洋の中で一番小さい。海面の約3分の1が年中氷におおわれ、凍っていない部分にもたくさんの氷山や氷島（氷山よりも大きな氷の塊）がある。氷を砕いて進む船を砕氷船という。北極海では砕氷船が航路を開き、商用船が行き来する。

面　積　1225万 km²
最大水深　5,440m
流入する水域　大西洋、太平洋、マッケンジー川、オビ川、エニセイ川、レナ川、コリマ川

チュクチ海
Chukchi Sea

チュクチ海には塩分濃度の低い太平洋の海水が流れこむ。チュクチ海の海水は冷たくて塩分濃度が高い。チュクチ海で混じり合った海水は栄養分が豊富なため、さまざまな海の生物を育む。セイウチや数種類のアザラシもたくさん生息する。

面　積　58万2,000km²
最大水深　110m
流入する水域　ベーリング海、東シベリア海、北極海盆

バレンツ海
Barents Sea

北極海の中で年中ほぼ氷がないのはバレンツ海だけ。バレンツ海の海底にはナマコ、ウミシダ、ヒトデなどの無脊椎動物がたくさん生息する。

面　積　140万km²
最大水深　600m
流入する水域　ノルウェー海、北極海盆

白海
White Sea

北極海の一部である白海はまわりをほぼ陸に囲まれる。海底は海溝や海嶺によって分断されている。

面　積　9万km²
最大水深　340m
流入する水域　バレンツ海、オネガ川、北ドヴィナ川

海と大洋

大西洋
Atlantic Ocean

大西洋は世界で2番目に大きな大洋。大陸の近くには小さな海がいくつかある。海底のほぼ3分の1にわたって大西洋中央海嶺とよばれる大きな山脈が走る。海嶺の両側には海盆(海底の盆地)や大きな海底火山がある。

面　積 8655万km²
最大水深 8,605m
流入する水域 北極海、南極海、地中海、セントローレンス川、ミシシッピ川、オリノコ川、アマゾン川、パラナ川、コンゴ川、ニジェール川、ロワール川、ライン川

黒海
Black Sea

黒海はまわりをほぼ陸に囲まれた水域。ヨーロッパとアジアを分ける深くて広い盆地の大部分をしめる。

面　積 50万8,000km²
最大水深 2,200m
流入する水域 アゾフ海、地中海、ドナウ川、ドニエストル川、ドニエプル川、クズルマルマク川

地中海
Mediterranean Sea

地中海は世界で一番大きな内海(陸地に囲まれ海峡で外洋とつながる海)。約600万年前に地球の海面が下がったとき、地中海は西端が閉じて大西洋と分断されたために干上がった。その後200万年以上にわたり浸水を繰り返すうちに水位があがり、再び大西洋とつながった。

バルト海
Baltic Sea

約8,000年前、スカンジナビアをおおっていた氷床が解け、スカンジナビアは水没した。バルト海はこのときの水が残ってできた。バルト海の沿岸には九つの国がある。

面　積　38万2,000km²
最大水深　459m
流入する水域　ヴィスワ川、オーデル川、西ドヴィナ川

ハドソン湾
Hudson Bay

ハドソン湾は水深の浅い、大きな湾。湾の東の海岸は岩が多く、高い崖が連なる。西の海岸はハドソン湾低地とよばれる湿地だ。栄養分に富む海水をたたえるハドソン湾にはたくさんの生物が生息する。夏になるとシロイルカが湾の中にやってくる。

面　積　81万9,000km²
最大水深　270m
流入する水域　オールバニー川、チャーチル川、ムース川、ネルソン川、セバーン川、ラグランデ川

面　積　251万km²
最大水深　5,267m
流入する水域　大西洋、黒海、ナイル川、ローヌ川、ポー川、エブロ川

サラガッソ海
Sargasso Sea

北大西洋に含まれる海の中でサラガッソ海だけはまわりを陸に囲まれていない。サラガッソ海はカナリア海流、北赤道海流、メキシコ湾流に囲まれる。サルガッソ海の名前は、海面にびっしり漂う黄褐色の海藻サルガッスムに由来する。サラガッソ海には、サルガッスムをえさにする、さまざまな生物が生息する。

面　積　520万km²
最大水深　7,000m
流入する水域　なし

サルガッスムは空気のつまった小さな気胞をたくさんつけているので海面に浮く

メキシコ湾
Gulf of Mexico

だ円形をしたメキシコ湾は大部分が浅い海。湾岸にはマングローブ林、潮汐湿地、浜、潟、河口がある。ミシシッピ川の河口には川から運びこまれた大量の砂とシルトが堆積しておうぎ形の大きなデルタ（写真）をつくり、塩性湿地が広がる。

面　積　160万km²
最大水深　5,200m
流入する水域　カリブ海、ミシシッピ川、ブラゾス川、コロラド川、アラバマ川、アパラチコラ川、リオグランデ川

カリブ海
Caribbean Sea

カリブ海と、カリブ海に浮かぶたくさんの島（多くは火山島）と、周辺の海域を合わせてカリブ地方という。大部分の島と中央アメリカの一部沿岸にはサンゴ礁が広がる。カリブ海のサンゴ礁はアメリカイセエビ、ホラガイをはじめさまざまな種類の魚や無脊椎動物の生息地となっている。

面　積　275万 km^2
最大水深　7,680 m
流入する水域　大西洋、マグダレナ川、ココ川、パチューカ川、モタグァ川

海と大洋 | 93

インド洋
Indian Ocean

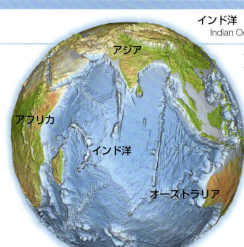

インド洋は1億2000万年以上前に形成された。世界の海盆の中でも新しい方だ。インド洋の海水は大部分が暖かいうえに、一年に2回モンスーン（季節風）によって海流の向きが逆転し深海から栄養分に富む水が運ばれるため、多様な海生生物にとって理想的な環境となっている。海流の逆転現象は世界でもインド洋でしか見られない。

面 積 7343万 km²
最大水深 7,125m
流入する水域 ガンジス川、インダス川、チグリス川、ユーフラテス川、ザンベジ川、リンポポ川、マーレー川

アラビア海
Arabian Sea

アラビア海はインド洋の北西部にある。アラビア海では漁業がとても盛んだが、アラビア海は紅海とペルシア湾を結ぶ重要な交易路でもある。

面 積 390万 km²
最大水深 5,800m
流入する水域 インダス川、ナルマダ川

アンダマン海
Andamori Sea

アンダマン海はベンガル湾の南東にある。アンダマン諸島とニコバル諸島によってベンガル湾と分けられている。アンダマン海の近くにはインドプレート、ビルマプレート、スンダ大衝上断層があるため地震がよく発生する。

面　積　79万8,000km²
最大水深　3,775m
流入する水域　ベンガル湾、マラッカ海峡、エーヤワディー川、サルウィン川

ペルシア湾
Persian Gulf

ペルシア湾の海水は暖かく、塩分濃度が高い。海底には大量の石油があることで有名。ペルシア湾の東岸は山が多く、西岸にはたくさんの島や潟や干潟がある。ペルシア湾沿岸では人工島が次々につくられている。アラブ首長国連邦のパーム・アイランド（写真）はヤシの木の形をした人工島群だ。

面　積　23万8,000km²
最大水深　170m
流入する水域　チグリス川、ユーフラテス川、カルン川

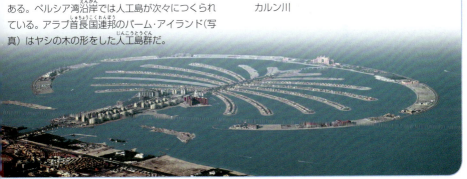

海と大洋 | 95

太平洋
Pacific Ocean

太平洋は世界で一番大きな大洋。地球表面の3分の1以上をしめる。地球上で一番深い地点マリアナ海溝のチャレンジャー海淵も太平洋にある。太平洋では地球が盛んに活動している。環太平洋火山帯（太平洋海盆を馬蹄形に長く取り巻く火山帯）は地震がもっとも多く発生する地帯だ。

面　積 1億6624万km²
最大水深 1万920m
流入する水域 南極海、ユーコン川、コロンビア川、アムール川、黄河、長江、メコン川

オホーツク海
Sea of Okhotsk

オホーツク海はこの200万年の間に氷河が陸を侵食してできた海。大きくて冷たく、冬の間は凍る。オホーツク海では霧がよく発生する。まわりはほぼロシアに囲まれる。

面　積 139万2,000km²
最大水深 3,372m
流入する水域 日本海、アムール川、ウダ川、オホータ川、ペンジナ川

南シナ海
South China Sea

南シナ海はアジア大陸に接し、南北の長さは2,700km以上にもおよぶ。南シナ海が深く入りこむタイ湾には島が42ある。どの島も海から上昇した岩石層を森林がおおう。島を含む一帯はアントン国立海洋公園となっている。

面　積　370万1,000km²
最大水深　5,015m
流入する水域　西江、メコン川、紅河、ターチン川、チャオプラヤー川

珊瑚海
Coral Sea

珊瑚海は世界で一番大きなサンゴ礁グレートバリアリーフのあることでよく知られる。そのほかにも独立したサンゴ礁や小さな島がたくさんあり、まとめてコーラル・シー諸島テリトリー（オーストラリアの特別地域）とされる。珊瑚海は熱帯気候に属し、1月から4月の間には台風がよく発生する。

面　積　480万km²
最大水深　9,165m
流入する水域　中西部太平洋、フライ川、プラリ川、キコリ川

南極海
Southern Ocean

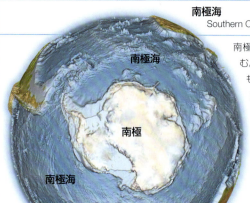

南極海は名前のとおり南極をぐるりと囲む。南大洋、南氷洋ともよばれる。地球上でもっとも強い風が吹く場所だ。強風に加えたくさんの氷山が漂い、大きな波がうねるため南極海の船の航行はとても危険だ。

面　積　2000万 km^2
最大水深　7,235 m
流入する水域　夏に解ける海氷、南極大陸の棚氷から割れた氷山

スコシア海
Scotia Sea

スコシア海は南大西洋と南極海の間にある冷たい海。スコシア海では南極の氷床からできた氷山が年中見られる。スコシア海の縁の部分には冬になると海氷ができる。

面　積　90万 km^2
最大水深　4,000 m
流入する水域　南極海からドレーク海峡の西まで

ロス海
Ross Sea

ロス海は南極のまわりで一番海氷の少ない海。このため船で近づきやすい。ロス海には、凍らない特殊なタンパク質をもつコオリウオが生息する。

面　積　96万km^2
最大水深　2,500m
流入する水域　ロス棚氷からできた氷山

> スコシア海の島々に生息する鳥類はキバシオナガガモなど5種だけ。

ウェッデル海
Weddell Sea

ウェッデル海は厚い氷におおわれ、氷の下にはウェッデルアザラシが生息する。ウェッデルアザラシは氷に呼吸用の穴をあけ海面に顔を出す。氷の上にはコウテイペンギンのコロニーもある。

面　積　280万km^2
最大水深　3,000m
流入する水域　ロンネ・フィルヒナー棚氷からできた氷山

消えていく島 かつて海底から噴火し現在は活動をやめた火山が太平洋には点在する。ボラボラ島もそのひとつだ。地下の温度が下がり、岩石が縮んだためボラボラ島は現在、波の下にゆっくり沈みかけている。

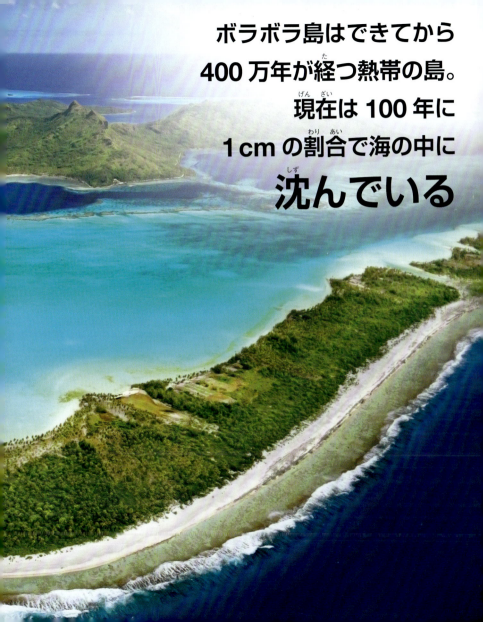

ボラボラ島はできてから400万年が経つ熱帯の島。現在は100年に1cmの割合で海の中に沈んでいる

サンゴ礁って何だろう？

サンゴしょうってなんだろう？

サンゴ礁は海生生物とその外骨格が集まってできた、波に負けないがんじょうな構造体です。その色鮮やかな構造体には実にさまざまな種類の植物や動物がすんでいます。カイメン、ワーム（蠕虫）、イソギンチャク、カタツムリや二枚貝といった軟体動物、タコなどもいます。健康で豊かなサンゴ礁には数え切れないほどの魚やカメが生息しています。

サンゴ礁のでき方

サンゴ礁は大きいものになると数百キロメートルにも伸びるが、サンゴ礁をつくる生物、サンゴ虫はとても小さい。卵からかえったサンゴ虫の体はやわらかく、この状態をポリプという。ポリプは成長すると体の外側に石灰質でできたかたい殻（外骨格）をつくる。サンゴ虫が死ぬと殻だけが残り、その上でまた新しいポリプが成長をはじめる。殻がどんどん集まって大きくなり、やがてサンゴ礁となる。

サンゴ礁の種類

フリンジングリーフ（裾礁）：島のまわりや海岸沿いに成長したサンゴ礁。

バリアリーフ（堡礁）：海岸と平行に伸び、海岸との間に大きな礁湖があるサンゴ礁。

環礁：丸いサンゴ礁、または浅い礁湖のまわりに環状に広がる標高の低いサンゴ島。

サンゴの被害

現在、サンゴ礁はたくさんの脅威にさらされ、生存が危ぶまれている。海水の汚染や水温上昇によってサンゴは死滅する。サンゴは死ぬと色がなくなり白く見える白化現象を起こす。ダイナマイトを使う漁業など、人間の活動がサンゴ礁に被害をあたえることもある。

サンゴの白化現象

サンゴ礁

サンゴ礁は地球上で有数の色鮮やかな地形です。同時にサンゴ礁は地球上で有数の多様な生物の生息地でもあります。ほかの海洋環境と比べても単位面積あたりに生息する生物の数は群を抜いています。サンゴ礁には島や海岸を侵食から守るはたらきもあります。

ここに注目!
ポリプ

サンゴは小さなサンゴ虫（ポリプ）がたくさん集まってできている。

▲ 体の下部にある底板を使って海底や岩石と直接くっつくポリプがある。

▲ ポリプは刺胞細胞のある触手でえものを刺し麻痺させ、つかまえる。

▲ ポリプは触手でえさを囲み口まで運ぶ。体の外側の層から分泌する石灰質でサンゴ礁をつくる。

バハマ・バンク
Bahama Banks

バハマ・バンクは約700の島でできている。これらの島は石灰岩でできた平坦な、二つの岩盤（リトルバハマ・バンクとグレートバハマ・バンク）の上に点在する。どちらの岩盤にも7000万年前から今なお石灰岩が堆積し続けている。

場所	バハマ、アメリカ合衆国フロリダ州南東、キューバ北東
種類	裾礁、離礁、堡礁
面積	3,150km²

ライトハウス・リーフ
Lighthouse Reef

ライトハウス・リーフは海にぽっかり開いた大きな丸い穴グレートブルーホールを囲む。グレートブルーホールの深さは約145m、斜めに傾いた壁からは古代の鍾乳石がたくさんぶら下がる。

場　所	カリブ海西部、ベリーズ中央部の東80km
種　類	離礁のある環礁
面　積	300km²

アルダブラ環礁
Aldabra Atoll

アルダブラ環礁は世界最大の隆起環礁。沈んだ火山の上で環礁が隆起して島や岩となった。隆起したサンゴ礁の塊が小さなマッシュルーム形に変わった島もある。アルダブラの浅瀬に押し寄せるとても強い潮汐に侵食されたためだ。

場　所	セーシェル共和国の群島の西端、マダガスカルの北西
種　類	環礁
面　積	155km²

モルディブ諸島
Maldives

モルディブ諸島はたくさんの島と26の環礁からなる。モルディブ諸島の環礁の多くは小さな環礁（ファロ）で縁どられている。モルディブ以外ではあまり見られない特徴だ。この100年間の気候変動による海面上昇のためモルディブ諸島は水没の危機にある。一番標高の高い島でも海抜3m以下だ。

場　所	インド洋、スリランカの南西
種　類	環礁、裾礁
面　積	9,000km²

紅海のサンゴ礁
Red Sea Reefs

紅海にはさまざまな種類のサンゴ礁がある。北部はほぼ裾礁で、わずか数メートル幅の礁原（海岸に接する平坦なサンゴ礁）がある。南部は浅い大陸棚（大陸から続くゆるやかな傾斜の海底）が北部よりもずっと広くつながる。紅海のサンゴ礁には実にさまざまな種類のサンゴと魚が生息する。写真はキンギョハナダイ。

場　所　エジプト、イスラエル、ヨルダン、サウジアラビア、スーダン、エリトリア、イエメンの紅海沿岸
種　類　裾礁、離礁、堡礁、環礁
面　積　1万6,500km^2

小スンダ列島
Nusa Tenggara

小スンダ列島にはサンゴで囲まれた島が500ほど連なる。北の方の島はもとは火山、南の方の島はサンゴのつくる石灰石でできている。小スンダ列島にはさまざまな種類の海洋生物が生息する。小スンダ列島の大きなサンゴ礁ひとつに生息する魚の種類は、ヨーロッパ中の海に生息する魚の種類よりも多い。

場　所　インドネシア南部、西はロンボク島から東はティモール島まで
種　類　裾礁、堡礁
面　積　5,000km²

グレートバリアリーフ
Great Barrier Reef

グレートバリアリーフは生物でできた、世界最大の構造物としてよく話題にのぼる。グレートバリアリーフは約3,000のサンゴ礁と小さなサンゴ島でできている。400種のサンゴ、1,500種の魚、4,000種の軟体動物の生息する、世界で一番大きなサンゴ礁の集合体だ。

場　所　オーストラリアの北東クイーンズランド州の海岸と平行
種　類　堡礁
面　積　3万7,000km²

サンゴ虫が死んでも
かたい外骨格は残り、
その上で新しいサンゴ虫が成長をはじめる

サンゴ礁をつくる サンゴ礁の土台となる部分は藻類、サンゴ虫や無脊椎動物といったたくさんの生物によってできている。藻類はサンゴの成長を助ける物質をつくる。海洋生物の殻は波で砕かれたり、食べられたりして砂になり成長途中のサンゴ礁の隙間をうめる。

海　　岸

海と接する陸の部分を海岸といいます。海岸には湾、浅瀬、海浜砂丘、浜などいろいろな地形があります。潮汐の流れ、砕ける波、土砂の堆積などさまざまな力がはたらいて海岸はつくられます。

ここに注目！
海岸の形成

海岸はいろいろな作用を受けて形づくられる。

▲ 陸からはたらく力。氷河や溶岩、堆積物、そして人間の活動など。

▲ 海からはたらく力。波、潮汐、海流、海面の変化など。

オレゴン砂丘国立記念公園
Oregon National Dunes

オレゴン砂丘は北アメリカで一番大きな海浜砂丘。波に侵食されできた砂と海風によって運ばれた砂とが数百万年をかけてつくりあげた。現在も風に吹かれた砂が波模様を描く。

場　所	アメリカ合衆国オレゴン州ポートランド南西
種　類	海浜砂丘
長　さ	65km

ダンジネス・スピット
Dungeness Spit

片端が海岸につながっている、海に突き出た細長い陸地をスピットという。ダンジネス・スピットはイギリスのダンジネス岬に似ていることから名づけられた。ダンジネス・スピットは季節によって向きの変わる風によってつくられた、めずらしい形のスピットだ。

場　所	アメリカ合衆国ワシントン州シアトル
種　類	砂嘴（サンドスピット）
長　さ	9km

ボスニア湾
Gulf of Bothnia

ボスニア湾はバルト海の北側の湾。まわりの陸地が上昇し続けているため毎年約7mmずつ海面が下がり、海岸に沿って小さな島がたくさん現れている。淡水が大量に流れこむため海水の塩分濃度は低い。

場　所	フィンランド西岸とスウェーデン東岸の間
種　類	湾
面　積	11万7,000km²

ドーバーの白い壁
White Cliffs of Dover

ドーバーの白い壁は、白色のやわらかい石灰岩（チョーク、白亜）からなる海岸を波と潮汐が侵食してつくられた。ドーバーのチョークは無数の海生微小生物の骨格ともう少し大きな生物の殻の化石でできている。

場　所	イギリス、ドーバー
種　類	海からの作用でできた海岸
長　さ	17km

ダードル・ドア
Durdle Door

アーチの形をした石灰岩。もとはひとつながりの崖だった。崖の下部のやわらかい層が波に侵食され、上部のかたい層が残ってアーチの形になった。

場　所	イギリス南部ドーセット
種　類	アーチ
高　さ	60m

骸骨海岸
Skeleton Coast

骸骨海岸はとても乾燥した地域にある。南側は砂利の多い低地の平原が続き、北側は海に向かって砂丘が広がる。とても強い風が吹くため砂丘の形は絶えず変化する。

場　所	ナミビア、ウィントフック北西
種　類	海からの作用でできた海岸
長　さ	500km

ケララ水郷地帯
Kerala Backwaters

ケララにはいくつもの浅瀬や小さな湖が運河でつながった、水のゆっくり流れる水郷地帯が広がる。38の川が注ぐ水郷地帯は、ケララ州のほぼ半分の長さにおよぶ。

場　所	インド、ケララ州コーチ南東
種　類	潟
面　積	1,000km²

キナバタンガンのマングローブ
Kinabatangan Mangroves

マングローブ植物は気根(地上に生える根)を泥質の堆積物に入りこませ湿地をつくる。キナバタンガンのマングローブ林には低地林と開けたヨシの沼地が広がる。

場 所	マレーシア、サバ州東部
種 類	マングローブ林湿地
面 積	1,000km²

長江河口
Yangtze Estuary

長江はアジアで一番長い川であり、一番航行量の多い水路でもある。長江に運ばれた大量のシルトと泥が堆積する河口は、3本の大きな水路とたくさんの小さな水路に分かれる。

場 所	中国、上海北西部
種 類	河口
面 積	2,500km²

ハロン湾
Ha Long Bay

ハロン湾は海面が上昇し浸水してできた湾。ハロン湾が浸水したとき約2,000の塔カルスト(傾斜の急な円錐形のカルスト地形)が島になった。海抜200mほどの島も存在する。

場 所	ベトナム、ハノイ東部トンキン湾
種 類	陸地からの作用でできた海岸
長 さ	120km

海岸

モエラキ海岸
Moeraki Beach

モエラキ海岸には重さ数トン、直径は大きなもので3mほどにもなる丸い巨大な岩がたくさん転がっている。この丸い岩は、もともとは海底の泥の堆積物の中でできた。やがて海底が隆起し泥ごと岩になった後、長い時間をかけてやわらかい泥だけが侵食され、現在のようにかたくて丸い岩が残った。

場　所	ニュージーランド、ダニーデン北東
種　類	海岸
長　さ	8km

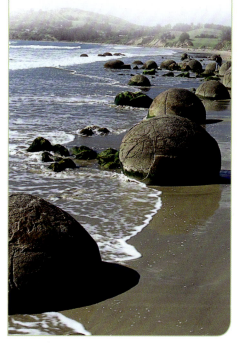

ナインティ・マイル・ビーチ
Ninety Mile Beach

砂丘が延々と続くナインティ・マイル・ビーチは世界で一番長い、自然がつくった海岸。海岸から砂漠のような砂浜をはさんだ陸側は大きな湖や浅い潟がいくつもあるギプルランド湖海岸公園になっている。

場　所	オーストラリア、ビクトリア州メルボルン南西
種　類	海岸
長　さ	150km

十二使徒岩
The Twelve Apostles

真ん中に穴の開いたアーチ形の岩の上の部分が侵食されたり、崩壊したりすると岩の柱（海食柱）が残る。十二使徒岩は、2000万年前の石灰岩でできた崖が絶え間なく波に侵食され崩壊してつくられた海食柱の集まりだ。現在も侵食は続いている。

場　所　オーストラリア、ビクトリア州キャンベル湾近く
種　類　海の作用によってできた海岸
長　さ　3km

十二使徒岩とよばれる海食柱群だが、現在残っている柱は8本。

難破船の残骸 骸骨海岸では大西洋の冷たい空気とナミブ砂漠の乾いた空気によって濃い霧が発生するため、しばしば船が進路を見失う。骸骨海岸には1909年に難破したエドゥアード・ボーデン号をはじめ船の残骸がたくさん打ち上げられている。

骸骨海岸は
「神の怒りによってできた土地」とよばれる。
きびしい天候と濃い海霧が
たくさんの船を座礁させてきた

大気

地球は大気とよばれる気体の層(そう)に取り囲まれています。太陽光線は大気を通り抜(ぬ)け地表と地表の上にある空気を温めます。その結果、空気が動き、水が蒸発(じょうはつ)してさまざまな気象現象(きしょうげんしょう)が起こります。気象は地上の現象によって変わることもあります。2010年、アイスランドの火山エイヤフィヤトラヨークトルが噴火(ふんか)したときは巨大(きょだい)な火山雲が発生しました。

破壊的(はかいてき)な渦(うず) 暖(あたた)かい海水の上で風が回転をはじめ渦が大きくなるとハリケーンになり、大きな被害(ひがい)をもたらす。

地球の大気

地球は大気とよばれる気体の毛布にくるまれています。大気はおもに窒素と酸素、それに少しの水蒸気とそのほかの気体からできています。大気は地表近くで一番密度が高くなります。高度が高くなるにつれて密度は低くなり、やがて宇宙に消えてなくなります。

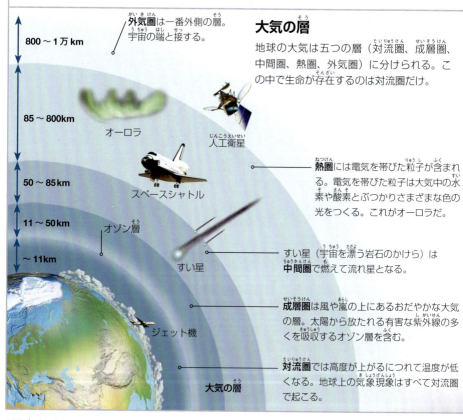

大気の層

地球の大気は五つの層（対流圏、成層圏、中間圏、熱圏、外気圏）に分けられる。この中で生命が存在するのは対流圏だけ。

外気圏は一番外側の層。宇宙の端と接する。

800～1万km

85～800km
オーロラ
人工衛星

熱圏には電気を帯びた粒子が含まれる。電気を帯びた粒子は大気中の水素や酸素とぶつかりさまざまな色の光をつくる。これがオーロラだ。

50～85km
スペースシャトル

11～50km
オゾン層
すい星

すい星（宇宙を漂う岩石のかけら）は**中間圏**で燃えて流れ星となる。

～11km
ジェット機
大気の層

成層圏は風や嵐の上にあるおだやかな大気の層。太陽から放たれる有害な紫外線の多くを吸収するオゾン層を含む。

対流圏では高度が上がるにつれて温度が低くなる。地球上の気象現象はすべて対流圏で起こる。

水と大気

大気や陸と、海、湖、川との間で水は移動する。このような水の移動を水の循環という。太陽の熱は地球の水を蒸発させ水蒸気に変える。水蒸気は上空に昇り、集まって雲になる。雲をつくる水は雨や雪に変わって陸に降り、最後は海や湖にもどる。

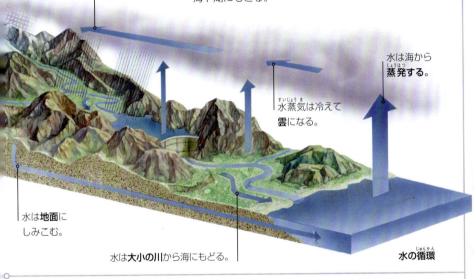

雲は水を**雨や雪**に変えて陸に届ける。

水は海から**蒸発する。**

水蒸気は冷えて雲になる。

水は**地面**にしみこむ。

水は**大小の川**から海にもどる。

水の循環

ジェット気流

対流圏の上層や成層圏の下層を高速の風が細い帯状に流れている。この風をジェット気流という。ジェット気流はとても速いので航空機はジェット気流に乗ると飛行時間を短縮できる。細長い飛行機雲は航空機のエンジンから出る熱い空気がもとになってできる水蒸気の雲。

紅海の上にかかる飛行機雲

地上に降る水

空気が冷えると水蒸気が凝結(気体が液体に変わる現象)して雲ができます。雲の粒は重くなりすぎると空気中を漂えなくなり、雨や雪、露や霧や雹となって地上に落ちます。

露
Dew

夜間に暖かく湿度の高い空気が地面から上昇し冷たい空気とぶつかると、露がおりる。露は、空気中の水分を冷たい夜の空気が地表近くで凝結させてできた水滴だ。

雲 なし
降水量 少〜多

雨
Rain

空気中の水蒸気が水滴となって地上に落ちると雨になる。雨粒の直径は0.5mmほどから6mmまで、いろいろな大きさがある。たいていは直径2〜5mm。

雲 乱層雲〜積乱雲
降水量 少〜多

海霧
Haar

水分を多く含む暖かい空気が冷たい海水に触れると海霧が発生する。海霧の正体は、水分が凝結してできた小さな水滴。

雲 低空の層雲
降水量 少〜多

雹
Hail

雹は氷でできている。凍った水滴が冷たい嵐雲の中で吹き飛ばされながら大きくなり、雲が支えきれないくらい重くなると地上に落ちる。雹の大きさは豆粒ほどからオレンジほどまでさまざまだ。

雲 高い積雲
降水量 少〜多

雪
Snow

雲の中で小さな氷の結晶がくっつくと雪片ができる。雪片は重くなると雪となって地上に落ちる。氷点（0℃）近くの気温で降る雪が一番重い。

雲 積雲、層雲
降水量 少〜多

地上に降る水

雲の種類

雲は氷の結晶や水滴でできています。地上から雲の底部までの高さによって高層雲、中層雲、低層雲に分けられます。雲の種類は気温と雲に含まれる水分の量によって決まります。

ここに注目！
稲光
雲の中に電荷がたまると、さまざまな形の稲光となって空を明るくする。

巻雲（筋雲）
Cirrus

巻雲は高層で長い筋のように伸びる、うっすらした雲。筋雲ともいう。巻雲は気温のとても低い場所でできるので氷の結晶を含む。巻雲はさわやかな、よい天気のしるし。

高　度　5,500～1万2,000m
形　層状、房状、斑状
降　水　なし

巻積雲（うろこ雲、いわし雲）
Cirrocumulus

巻積雲は丸くて白い雲の塊が列をなして現れる雲。さざ波のような形はハチの巣や魚のうろこのようにも見える。冬にはあまり発生しない。よい天気だが寒い日に多い。

高　度　6,000～1万2,000m
形　層状、斑状
降　水　なし

124 ｜ 大　気

▲ 雲から地面への落雷。積乱雲から地面に雷が落ちる。

▲ 地面から雲への落雷。雷が地面から積乱雲に向かって上向きに移動する。

▲ 雲から雲への落雷。雷は地面に落ちずに雲から雲へ移動する。

▲ 球電。雲から地面への落雷といっしょに発生することのある球状の光。

巻層雲（薄雲）
Cirrostratus

巻層雲は高層で薄い板状に広がり、空全体をおおう雲。乳白色に見える。太陽や月をすっかり隠すほど厚くはないが、太陽や月のまわりに淡い光のかさをつくる。巻層雲の現れた12〜24時間後には嵐や暴風雪になる。

高　度　5,500〜1万2,000m
形　　　層状
降　水　なし

高積雲（ひつじ雲）
Altocumulus

高積雲は巻いているように見える雲。直線や波あるいは丸い塊の列をつくることもある。蒸し暑い朝に高積雲が現れると、午後遅くにはげしい雷雨になる。

高　度　2,000〜5,500m
形　　　平行な帯または平行な丸い塊
降　水　豪雨またははげしい雷雨の可能性

高層雲（おぼろ雲）
Altostratus

高層雲は上の方には氷の結晶、下の方には水滴を含む。高層雲が空全体をおおうと太陽や月はぼんやりとしか見えない。高層雲は軽い雨や雪を降らせる。

高　度　2,000〜5,500m
形　　　層状または特徴なし
降　水　ほぼなし

層積雲（うね雲）
Stratocumulus

層積雲は低層に広がるもこもことした灰色や白色の雲。畑のうねのような細長い雲が列をなしている。雲の間から青空が見えることもある。層積雲はいろいろな気象条件のもとで発生する。軽い雨や雪を降らせることもある。

高　度　350〜2,000m
形　　　大きく丸みを帯びる
降　水　少し

層雲（霧雲）
Stratus

層雲はほぼ特徴がない。均一な灰色または白色の雲が毛布のように空をおおう。厚い層をつくり、太陽や月の光を完全にさえぎることもある。天気のよい日の夜中のうちによく発生する。

高　度　0〜2,000m
形　状　層状
降　水　少し

積雲（わた雲）
Cumulus

積雲のもこもこの雲は空に浮かぶ丸い綿のように見える。平らな底と丸い上部はカリフラワーに似る。とても白く、縁がはっきりしている。

高　度　0〜2,000m
形　状　カリフラワーまたは綿毛状
降　水　にわか雨またはにわか雪

積乱雲（入道雲）
Cumulonimbus

積雲が大きくなり、上に伸びると巨大な積乱雲になる。積乱雲の上層が速い風で平らになった形を金床（金属加工で使う道具）形という。金床形の雲のとがった先端は嵐の進む方向を示す。積乱雲ははげしい雨や雪を降らす。雹を降らせたり竜巻を起こすこともある。

高　度　300〜2,000m
形　　　上部の端は繊維状、上層は金床形
降　水　はげしい雨や雷を伴う嵐

乱層雲（雨雲、雪雲）
Nimbostratus

レンズ雲
Lenticular Clouds

レンズ雲は対流圏のいくつか異なる高さで同じ向きに風が吹くとできる円板形の雲。山や丘陵でよく見られる。円板の重なっているようすを英語では「重ねたパンケーキ」とよぶこともある。

高　度　2,000〜5,000m
形　レンズ形または小皿形
降　水　軽い雨や雪の可能性

高層雲が厚くなると乱層雲になる。乱層雲には形がなく、色が濃い。だが雲の中に隙間があるため内側から照らされたように見えることもある。乱層雲はとても厚いので太陽や月を完全に隠す。日中はどんよりし、夜は暗くなる。

高　度　600〜3,000m
形　層状、特徴なし
降　水　降り続く雨や雪

雲の種類 | **129**

1959年、アメリカ合衆国空軍の飛行士ウィリアム・ランキンは燃え出した戦闘機から脱出し、積乱雲の中を落下して無事生き延びたはじめての人間となった。積乱雲の中では風が上昇している。戦闘機から出たランキンは

風につかまり

30分ほど積乱雲の中にいた

危険な雲 ほかの雲とちがい積乱雲はすべての水分を一度に放出することがある。その結果、稲光、降雹、雷雨、竜巻が起こる。積乱雲の中を飛行機が飛ぶのはとても危険だ。

嵐

嵐はとても大きな大気の乱れです。嵐がくるとたいてい空は黒くおおわれ、暴風が吹き、はげしい雨が降ります。猛烈な嵐の場合は竜巻（ろうと状に細長く伸びた、速く回転する空気）やサイクロン（渦を巻いて上昇する暖かい空気）、ハリケーン（熱帯で生まれたサイクロン）が発生します。

世紀の嵐
Storm of the Century

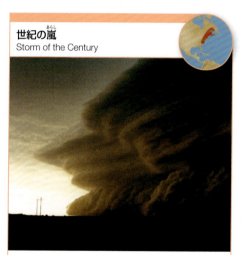

1993年に発生した「世紀の嵐」と名づけられた冬の嵐は1週間続いた。大雪と竜巻を伴い、気温は凍るような温度まで低下した。暴風雪（ブリザード）が電線に大きな被害をもたらし、停電は1000万人以上に影響をあたえた。

発生場所　アメリカ合衆国、カナダ
発生年　1993年
種類　吹雪

オクラホマ竜巻大発生
Oklahoma Tornado Outbreak

アメリカ合衆国オクラホマ州は竜巻の発生しやすい地域にあり、毎年数百回も竜巻に見舞われる。1999年5月3日は70回以上の竜巻に襲われた。数千軒の家屋が崩壊し、がれきが渦となって吹き上げられ、被害は広い地域におよんだ。この竜巻嵐は3日間続き、被害総額は数十億ドル（当時1200億円）に上った。

発生場所　アメリカ合衆国オクラホマ州
発生年　1999年
種類　竜巻

ハリケーン・カトリーナ
Hurricane Katrina

ハリケーン・カトリーナはアメリカ合衆国史上最悪のハリケーン、5本の指に入る。1,800人以上が死亡し、900億ドル（当時10兆円）の被害をもたらした。ニューオリンズでは高波と豪雨によって広い範囲が浸水し、市の約80％が深さ7ｍの水に浸かった。

発生場所　アメリカ合衆国ルイジアナ州ニューオリンズ
発生年　2005年
種類　ハリケーン

グレート・アイス・ストーム
Great Ice Storm

1998年にカナダ、アメリカ合衆国を襲ったグレート・アイス・ストームでは五つの小さなアイス・ストーム（雨氷。氷点下で降る雨）が次々に発生し、80時間以上、雨氷が降りつづいた。雨氷は物体の上で氷になるため木や電線に被害をあたえ、広い範囲で停電が起こり、場所によっては数週間電気がとだえた。

発生場所　カナダ、アメリカ合衆国
発生年　1998年
種類　アイス・ストーム

サイクロン・ナルギス
Cyclone Nargis

サイクロン・ナルギスはミャンマーでもっとも甚大な被害をもたらしたサイクロン。サイクロンの最中だけでなくサイクロンが去ってからもたくさんの人が亡くなった。おぼれ死んだ人が数千人、さらに腐った遺体や洪水、蚊により病気が発生し亡くなった人もいた。

発生場所　ビルマ（現在のミャンマー）
発生年　2008 年
種　類　サイクロン

中国の砂塵嵐
Chinese Dust Storm

乾燥地帯や半乾燥地帯では砂塵嵐が発生する。土壌を地表にとどめておくだけの木が生えていないため、風が吹くと土が吹き上げられるからだ。2010 年にゴビ砂漠から吹いてきた砂塵嵐は 81 万 km² におよんだ。

発生場所　中国
発生年　2010 年
種　類　砂塵嵐

赤い砂嵐
Red Dust Storm

2009 年、オーストラリアで中央部の砂漠と乾燥した農地からシドニーや東海岸まで伸びる赤みを帯びたオレンジ色の雲が発生した。雲の正体は砂塵、その長さは 1,000km にもおよんだ。オーストラリアの「赤い砂嵐」は国際線の飛行を大混乱させた。

発生場所　オーストラリア東海岸
発生年　2009 年　**種　類**　砂塵嵐

黒い土曜日の山火事
Black Saturday Bushfires

山火事の熱はとても熱く、300mより近づくと命を落とす。

雷が乾燥した植物に落ちると火事になることがある。「黒い土曜日の山火事」のもとになったのは9か所で発生した小さな火事だった。毎時90kmの強風が火事をいっきに広げ、大きな被害をもたらした。

発生場所　オーストラリア、ビクトリア州
発生年　2009年
種類　山火事

1931年、ミシシッピ州で巨大な竜巻が発生した。重さ83トンの**列車を空中に巻き上げ、**線路から24m離れた場所に落とした

竜巻の力
竜巻は空気の柱を伴う嵐だ。柱の幅は約100m、はげしく回転する。竜巻は移動しながら木を根こそぎ倒し、車を転覆させ、建物を破壊する。

気候

気温、雨や雪、風、雲といった気象現象が日によって変わるのに伴い天気も毎日変化します。同じ地域の天気を数年間観測し続けると決まったパターンが現れます。何年にもわたって繰り返される同じパターンをその地域の気候といいます。気候をもとに地球をいくつかの地域に分けたものを気候区分といいます。凍るような極地域から暑い熱帯地域までさまざまな気候区分があります。

地球温暖化 現在、地球の平均気温は上昇しているが、どこでも同じように上昇しているわけではない。低下している地域もある。

地球温暖化 ちきゅうおんだんか

地球の平均気温が上昇している現象を地球温暖化といいます。気候とはそもそも変化するものです。地球が誕生してから気候は変化し続けてきました。けれども近年では人間の活動が引き金となり気候の変化する速度が速くなっています。そのため深刻な環境問題がいくつも起きています。

太陽のエネルギーは**大気を通り抜ける。**

熱の一部は**反射されて宇宙にもどる。**

反射された熱の一部は温室効果ガスに吸収され**大気にとどまる。**

温室効果

大気には熱をつかまえるガスが含まれる。もしそのようなガスがなければ熱は宇宙へもどっていく。大気中で熱をつかまえるガスのはたらきを温室効果という。温室効果を引き起こすガス（温室効果ガス）には二酸化炭素、メタン、水蒸気などがある。

地球温暖化の原因

温室効果をもたらす温室効果ガスは航空機や車の排気ガスによって大気中に放出される。工場や発電所で化石燃料を燃やしたときにも排出される。空中を漂う微粒子（エアロゾル）や古い冷蔵庫に使われていたガスにも温室効果がある。

地球温暖化の影響

地球温暖化によって気候パターンが変化したり、嵐の発生回数が増えたりする。さらに地球温暖化の進行が速くなることで氷河や極地の氷が解けるという問題も生じる。いずれ海面が上昇し、海抜の低い地域は洪水に襲われるだろう。このような環境の変化にすぐに適応できない植物や動物にはとても恐ろしい事態だ。シロクマにとって氷はなくてはならない。食べ物をさがしに海を渡って移動するとき、氷は橋の役目をするからだ。もし氷が解けるとシロクマは生存できなくなるだろう。

地球を助ける

地球温暖化を止めるには、工場や車などからの温室効果ガスの排出を大幅に減らさなければならない。太陽光や風力エネルギーなど「よりきれいな」再生可能エネルギーの使用、物の再利用（たとえば再生紙）、環境にやさしい交通手段（たとえば自転車）、植林などが温暖化の防止に効果がある。

気候区分

気温、降水量、土壌の種類、生息する植物などは地域によって異なります。このような特徴に基づいて地域をさまざまなバイオームまたは気候区分に分けることができます。

ここに注目！
気候因子

気候にはいろいろな因子が作用をおよぼす。その結果、世界中の気候にちがいが生じる。

温帯気候
Temperate

温帯地域の気候は変化に富む。月平均気温は−3℃から18℃の間にある。一番暖かい月の平均気温は10℃を超える。温帯では四季がはっきりしているが、一年の間には予測できない天気になる日もある。

分 布 大部分が熱帯と極地帯との間
代表的な場所 アイルランド、コーク。気温は9℃〜20℃

熱帯気候
Tropical

湿度の高い熱帯気候では年間降水量が多く、年平均気温は低くても18℃。世界中の植物種の半分以上が熱帯に存在する。熱帯では多くの地域が樹木でびっしりおおわれる。

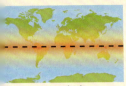
▲ 赤道に近い地域ほど太陽光から受けるエネルギーの量が多いので暑い。

▲ 海は太陽の熱を吸収し移動させるので海岸地域は穏やかな気候になる。

▲ 高度が上がるほど気温は下がるため山岳地帯は平地より寒い。

分 布 ほとんどが赤道沿い
代表的な場所 タンザニア、ドドマ。気温は 26℃〜31℃

高山気候
Mountain

高い場所はどこでも気温は低いが、山岳地帯の気候は位置する地域によって変わる。たとえばアンデス山脈の場合、コロンビア側ではたくさん雨が降るが、エクアドル側はたいてい乾燥している。

分 布 海抜およそ600mの山や高原
代表的な場所 アンドラ公国、レスエスカルデス。気温は 6℃〜26℃

極地気候
Polar

北は北極、南は南極を含む極地域はとても寒く、とても乾燥する。雨ではなく雪が降る。降った雪は地表に積もり長い時間をかけてかたまっていく。

分布 北極圏、南極圏
代表的な場所 南極、ボストーク基地。気温は −67℃〜−32℃

地中海性気候
Mediterranean

地中海性気候の大きな特徴は温暖で雨の多い冬と、高温で乾燥する夏だ。年平均降水量は380mm。雨はおもに12月から3月に降り、8月にはほとんど降らない。

分布 ヨーロッパ南部、南アフリカ、オーストラリア南部
代表的な場所 イタリア、ローマ。気温は11℃〜30℃

乾燥気候
Arid

乾燥帯は暑く乾燥している。水は蒸発し雨はあまり降らない。サハラ砂漠など何年も雨の降らない暑い砂漠や、サヘルなど短い雨季のある半砂漠地域を含む。

分布　ほとんどの砂漠

代表的な場所　アルジェリア、インサラー。気温は21℃〜45℃

地球まめ知識 ちきゅうまめちしき

数字で見る地球

★ 地球の年齢は **46 億歳**。

★ 地球にはじめて生命体が現れたのは **34 億年前**。オーストラリアでは 34 億年前の微生物の化石が見つかっている。

★ 赤道ではかった地球の直径は **1万 2,756 km**。

★ 赤道ではかった地球の円周は **4万 75 km**。

★ 地球から太陽までの平均距離は **1億 4960万 km**。

★ 地殻プレートの年平均移動距離は **11 cm**。

★ 対流圏の高さは地上から**約 11km**。

★ 地球は太陽のまわりを**時速 10万 7,300 km**で回る。

★ 地球は**時速 1,600 km** で自転し、24 時間で 1 回転する。

★ 現在、地球の地軸は、太陽のまわりを回る軌道面に対して垂直ではなく**約 23.4°傾いている**。軸が傾いたまま太陽のまわりを1年かけて回るため地球上の場所によって当たる太陽光の量が変わる。その結果、四季が生じる。

★ 太陽の光が地球に届くまでに **8.3 分**かかる。

★ 地球の平均地上気温は **15℃**。

発見と発明

地球にまつわる重要な発見や発明を、数千年前までさかのぼって紹介する。

▶ 紀元前 280 年
ギリシアの天文学者アリスタルコスが**地球と太陽の距離**を世界ではじめて計算した。アリスタルニスは、地球は地軸のまわりを回転しながら太陽のまわりを回っている惑星であると考えたが、当時はほとんどの人が信じなかった。

▶ 23 年
ギリシアの地理学者、歴史家のストラボンは**地震と火山**によって陸地が上昇したり沈んだりすると考えた。

▶ 1100年
中国で**方位磁針**が発明された。方位磁針は、磁力をもつ針が回転して地球の極を指し示す、方位を知るための道具。

▶ 1519～21年
ポルトガルの航海者フェルディナンド・マゼランが世界一周に挑んだ。マゼランは途中フィリピンで殺されたが、残った乗組員が**史上初の世界一周**をなしとげた。

▶ 1543年
ポーランドの天文学者ニコラス・コペルニクスが、**地球を含む惑星が太陽のまわりを回り、地球は地軸のまわりを回っている**と主張した。このときまでほとんどの人は、宇宙の中心は地球だと考えていた。

▶ 1609年
イタリアの天文学者、数学者ガリレオ・ガリレイが、**地球が動いている**というコペルニクスの説を望遠鏡を使ってはじめて科学的に証明した。

▶ 1669年
デンマークの学者ニコラウス・ステノが**地層の法則**を発見した。岩石の層（地層）では古い地層の上に新しい地層が堆積し、一番上の層は一番新しいという法則。

▶ 1798年
イギリスの物理学者ヘンリー・キャベンディッシュが地球の**質量と密度**を測定した。

▶ 1824年
オックスフォード大学のウィリアム・バックランドが**恐竜に関するはじめての科学論文**を発表した。化石を使ってイギリスの地質学的な時間の流れを考える草分けとなった。

▶ 1827年
フランスの数学者ジャン・バティスト・フーリエが**温室効果**という考えを発表した。

▶ 1880年
イギリスの地質学者ジョン・ミルンが**現代の地震計**を発明した。

▶ 1895年
スウェーデンの化学者スヴァン・アレニウスが、大気中に二酸化炭素が増えると太陽からの熱をつかまえ**地球は温暖化する**と説明した。

▶ 1912年
ドイツの気象学者アルフレート・ヴェーゲナーが**大陸移動説**を提出した。約2億7000万年前に、巨大な陸の塊、超大陸パンゲアが分裂して小さな塊となり現在の大陸ができあがったとヴェーゲナーは考えた。

▶ 1953年
アメリカの科学者クレア・パターソンがはじめて正確に**地球の年齢**を計算した。隕石と鉱物に含まれる成分の測定値を比較して求めた。

地球まめ知識 | 147

地球にまつわるランキング

世界の最高峰

第1位 ヒマラヤ山脈のエベレスト山（チョモランマ）は標高8,848m。世界一高い山だ。

第2位 K2（チョゴリ）はカラコルム山脈の北西部に位置する。標高は8,611m。

第3位 カンチェンジュンガはネパールとインドの国境にある。名前には「五つの大きな雪の宝庫」という意味がある。五つの峰にちなむ。一番高い峰の標高は8,586m。

第4位 ローツェの標高は8,516m。ネパールのクーンブ地方とチベットの国境にある。

第5位 ヒマラヤ山脈のマカルウは四つの面をもつピラミッドのような形の独立峰。標高は8,463m。

第6位 チョーオユは標高8,201m。ヒマラヤ山脈にあり、エベレスト山の西20km、中国とネパールの国境に位置する。

第7位 ダウラギリは標高8,167m。名前には「純粋な白い山」という意味がある。

第8位 マナスルは標高8,163m。ヒマラヤ山脈のネパール側に位置しネパールの中西部にある。クータンともよばれる。

第9位 ナンガパルバットはインドのカシミール地方ではディアマール（「山の王」という意味とよばれる。標高は8,126m。

第10位 アンナプルナはネパール中北部に位置し、ヒマラヤ山脈に属する。最高峰の標高は8,091m。

ハワイのマウナ・ケア山はすそ野のある海洋底からはかると高さは1万200mを超える。エベレスト山よりも高い。

恐ろしい火山噴火

❶ 1815年、インドネシアの**タンボラ山**が噴火した。火山灰の雲が世界中をおおい、どこもかしこも薄暗くなった。噴火と、引き続き起きたききんや病気などの影響で約7万人が亡くなった。

❷ 1883年の**クラカタウ山**の噴火では約3万6,000人が亡くなった。近年、記録に残っている歴史の中で一番大きな爆発音がしたとされる。

1902年、カリブ海の島、マルチニーク島にある**モンプレー山**が噴火しサン・プレーの街を火山で焼きつくした。プレー山の噴火で2万9,000人が亡くなった。

1985年、コロンビアの**ネバドデルルイス山**の噴火では大量の泥流が発生し、60km離れたアルメロの街をのみこんだ。2万5,000人以上が泥流の犠牲になった。

日本の**雲仙岳**は成層火山。いくつかの火山の集まった火山群で現在も活動している。1792年、溶岩ドームのひとつが崩壊し津波が起こり、約1万5,000人が亡くなった。

1783年、アイスランドの**ラーキ山**から噴出した溶岩とガスの影響はヨーロッパと北アメリカまでおよんだ。アイスランドだけでも約9,500人が亡くなった。

❼ グアテマラの**サンタマリア山**の1902年の噴火は20世紀で最大級の火山噴火。約6,000人が亡くなった。

❽ インドネシアの**ケルート山**は大きな爆発噴火を繰り返している。1000年以降で30回以上噴火した。1919年の噴火では推定で5,100人が亡くなっている。

❾ ジャワ島西部の**ガルングン山**は活動中の成層火山。1822年の噴火では4,000人以上が亡くなった。

❿ イタリアのナポリ湾岸にある**ベスビオ山**は成層火山。ポンペイとヘルクラネイムを壊滅させた有名な79年の噴火以降、何度も噴火を繰り返している。

世界の海溝

第1位 太平洋の**マリアナ海溝**は深さ1万920m。世界で一番深い海底だ。

第2位 南太平洋の**トンガ海溝**は深さ1万800mに達する。

第3位 **フィリピン海溝**はフィリピンの東にある。深さは1万57m。

第4位 **ケルマデック海溝**は深さ1万47m。インド・オーストラリアプレートの下に太平洋プレートが沈みこんでできた。

第5位 **千島・カムチャツカ海溝**（または千島海溝）は太平洋の北西部に位置する。深さは9,550m。

用語解説 ようごかいせつ

嵐（あらし） 大気のはげしい乱れ。暴風や豪雨を伴うことが多い。

移動（いどう） 動物が食べ物や水、よい繁殖場所を求めて定期的、とくに季節ごとに行う移動現象。鳥や昆虫の場合はわたりということもある。

稲光（いなびかり） 空で生じる放電現象。

永久凍土（えいきゅうとうど） 2年以上、凍ったままの土壌。おもに極地域で見られる。

塩分濃度（えんぶんのうど） 水などに含まれる塩の濃度。

オーロラ 北極や南極の空にかかる色のついた光の帯。

温度 物体や生物のもつ熱の強さ。

河口域（かこうごう） 淡水と海水が入り混じる河口の湿地。

火山（かざん） 地殻に開いた、マグマの噴出する穴。または火山の噴出によってできた山などの構造体。

化石 岩石中に保存された生物の遺骸や、生物の活動の痕跡。

化石燃料（かせきねんりょう） 生物の遺骸が堆積し長い時間をかけて加圧されてできた炭素化合物。石炭や天然ガスなど。燃やされるとエネルギーを放出する。

潟（かた） 砂によって外海から隔てられた浅い海。

カルスト おもに石灰岩などの岩石が水に溶けてできた地形。カルストではたくさんの洞くつが網目のようにつながっていることが多い。

カルデラ 火山の頂上にあるクレーター（くぼ地）。山頂がマグマだまりに崩壊するとできる。

環境（かんきょう） ある地域の空気、土壌、水といった物理的特徴。

間欠泉（かんけつせん） 地面から熱水や水蒸気を一定周期で噴き出す温泉。地下水が地球内部でマグマに温められてできる。

岩栓（がんせん） 火道の中でかたまったマグマ。火道をふさぐ。

貫入岩床（かんにゅうがんしょう） 水平な板状に入りこんだ火成岩体。既存の岩石層の間にマグマが押しこまれてできる。

岩脈（がんみゃく） 古い岩石に入りこんでかたまった、薄い板状の火成岩。

軌道（きどう） 惑星が太陽のまわりを回るときの通り道。

凝結（ぎょうけつ） 水蒸気が液体に変わる気象現象。

峡谷（きょうこく） せまく深い谷。両岸は切り立った崖が多い。

霧（きり） 地表近くでできる厚い雲。

霧雨（きりさめ） 低層の雲でつくられる小さな水滴の雨。

玄武岩質溶岩（げんぶがんしつようがん） 溶岩の中で一番熱く、シリカ含量は一番少ない。ほかの溶岩よりも粘性が低く流れやすい。冷えると玄武岩になる。

高原 周囲よりも高い位にある、広い平地。

鉱物（こうぶつ） 岩石をつく天然の無機物質。

サイクロン 暖かく湿度高い風が渦を巻き上昇し起こる嵐。熱帯で発生すサイクロンはハリケーンよばれる。

サバンナ ほとんど木のえない草原地帯。熱帯の辺部に広がる。

紫外線（しがいせん） 太陽から射される光の一種。生物に害をおよぼす。

沈みこみ（しずみこみ） プレートが別のプレートの下にしこむ現象。二つのプレートが衝突している境界（収型境界）でよく起こる。

礁湖（しょうこ） サンゴ礁によって外海から隔てられた浅い海。

鍾乳石（しょうにゅうせき） 洞くつの天井からつらら状にぶら下がる鉱物の堆積物。

蒸発（じょうはつ） 水が水蒸気に変わる変化。

侵食（しんしょく） 土や岩石が風重力、水、氷の作用ですり

150 | 地球

...減ったり、運搬されたりする現象。

針葉樹林（しんようじゅりん） 針葉樹でつくられるバイオーム。冬は寒く雪が降り、夏は暑く雨が降る。

水蒸気（すいじょうき） 気体状態の水。

生息環境（せいそくかんきょう） 生物の生息する環境。

石筍（せきじゅん） 洞くつの床からつらら状にのびる鉱物の堆積物。

赤道 地球の真ん中を一周する想像上の線。南極と北極のちょうど中間にある。

藻類（そうるい） 植物に似た単細胞生物からなる多様なグループ。一番大きな藻類は海藻。

堆積物（たいせきぶつ） 微小な岩石、鉱物、生物片などが風や水、氷によって運ばれ、積み重なったもの。

竜巻（たつまき） 大きな被害をもたらす強烈な嵐。じょうご形の雲が発生し、渦を巻く風が吹き荒れる。

棚氷（たなごおり） 海まで押し出された氷床。

地下水 地下で地面や岩石の隙間にたまった水。

地溝（ちこう） 地殻に生じた谷のような、広がる裂け目。

中央海嶺（ちゅうおうかいれい） 海底火山のつくる山脈。プレートが離れ、溶岩が裂け目から噴出し新しい海洋底ができる場所。

超大陸（ちょうたいりく） いくつかの大陸プレートからなる巨大な陸の塊。

津波（つなみ） 地震や火山噴火によって発生する巨大な波。しばしば破壊をもたらす。

デルタ 河口に積もった土砂のつくる地形。三角形をしていることが多い。

沼地（ぬまち） おもに草やヨシが生い茂る低湿地。

熱帯 たくさん雨が降り、暑く湿度の高い気候、またはそのような気候を特徴とするバイオーム。

バイオーム 特徴的な気候、土壌、植物、動物からなる地球上の領域。

バソリス（ていばん） 巨大な火成岩の塊。バソリスを核にしてできた山が多い。

ハリケーン 熱帯の海を吹き荒れる強力な嵐。世界中で発生し、場所によって台風やサイクロンとよばれる。

半球 地球を赤道で二分した状態。北半分を北半球、南半分を南半球という。

半島 三方を水で囲まれた陸地。

氷冠（ひょうかん） とくに極地域で見られる、広い範囲をおおう万年雪の塊。

氷床（ひょうしょう） 陸地を広大におおう万年雪の層。

フィヨルド 氷河によって深くなった谷が、その後、海水で満たされた地形。

プランクトン 海面近くを浮いたり漂ったりする小さな生物。

噴気孔（ふんきこう） ガスを噴出する火山の開口部。火口ともいう。

暴風雪（ぼうふうせつ） 暴風を伴いはげしく降り積もる雪の嵐。

北方林（ほっぽうりん） 亜寒帯地域の生態系。たいていその地域の森林の説明に使われる。

マグマ 地球の深部でつくられる溶けた岩石。

マグマだまり 火山の地下にできる、噴出する前のマグマが蓄積する場所。

有機物 生物または生物が体内でつくったもの。

溶岩（ようがん） 地殻の深部から地表に噴き出す溶けた岩石。

雷鳴（らいめい） 稲光によって空気が膨張し、いっしゅんで超高温に加熱されるため発生する音。

用語解説 | 151

索引 さくいん

【あ】
アイス・ストーム　133
アイル山地　35
赤い砂嵐　134
アグラオフィトン　6
アコンカグア　21
浅瀬　52
アスワンハイダム　42
アタカマ砂漠　62
圧密作用　37
アトラス山脈　22
アネト山　22
アフリカ大地溝帯　13
アマゾン　69
アマゾン川　41
雨　121, 122
嵐　132-137, 150
アラビア海　94
アラビア半島　64
アルダブラ環礁　105
アルパイン断層　13
アルプス山脈　22
アンダマン海　95
アンデス山脈　21
アントン国立海洋公園　97
アンナプルナ　148
イエローストーンのカルデラ　32
1万本の煙の谷　33
稲　光　124, 130, 150
インゼルベルグ（島山・残丘）　63
インダス川　42
インド洋　94
ヴァトナヨークトル氷河　57
ウェッデル海　99
ヴェルコール山地　47
ウォレミマツの林　73
宇　宙　4
海　19, 85-117, 143
海　霧　117, 123
ウラル山脈　21
雲仙岳　149
永久凍土　76, 150

エイヤフィヤトラヨークトル火山　119
エトナ山　28
エバーグレーズ湿地　53
エベレスト（チョモランマ）　24, 148
エル・キャピタン　34
エルバート山　20
エレバス山　29
塩水湖　49
エンパイアステートビルディング　82
オカバンゴ・デルタ　47
オキーチョビー湖　53
オクラホマ竜巻大発生　132
汚染（海水）　103
オゾン層　120
オホーツク海　96
オルドビス紀　6
オレゴン砂丘国立記念公園　110
オレンジ川　64
オーロラ　150
温室効果　140, 141, 147
温帯雨林　69-71, 73
温帯気候　142
温帯林　19

【か】
海　岸　110-117
外気圏　120
海　溝　10, 149
骸骨海岸　112, 116, 117
海食柱群　115
海底火山　27
海浜砂丘　110
海　盆　90
海面上昇　141
海　流　86, 87
核　8, 9
河口域　150
花崗岩　36
火　山　10, 17, 26-31, 100, 146, 150
　——のつくった地形　32-35
火山雲　119

火山円錐丘　28
火山噴火　148
カスピ海　50
火成岩　9, 36
化　石　150
化石燃料　141, 150
潟　52, 54, 55, 112, 114, 150
カマルグ　54
カラコルム山脈　148
カラハリ砂漠　64
カリブ海　92
カルスト（地形）　47, 113, 150
カールズバッド洞くつ　46
カルデラ　32, 150
ガルングン山　149
川　17, 40-45
　——のつくった地形　46, 47
間欠泉　32, 150
ガンジス川　43
環　礁　103, 105
環状岩脈　35
岩　石　9, 36-39
岩石惑星　4
岩　栓　33, 150
乾燥気候　145
環太平洋火山帯　11, 96
カンチェンジュンガ　148
貫入岩床　150
カンブリア紀　6
陥没湖　61
岩　脈　150
寒　流　86
気　温　140, 141, 143, 146
気　候　18, 139-145
気候区分　139, 142-145
気象現象　119, 139, 150
軌　道　5
キナバタンガンのマングローブ　113
ギブルランド湖海岸公園　114
球　電　125
凝　結　122
峡　谷　150
恐　竜　7, 147

152 | 地球

極地 19
極地気候 144
環礁 103-106
キラウエア火山 26
霧 150
霧雨 150
キリマンジャロ 28
氷河 4
グアダルーペ山脈 46
クシクラゲ 85
クック山 25
ゴビ砂漠 65
雲 121
雲の種類 124-131
クラカタウ山 148
クリスタル 15
グリレフィヨルド圏谷 61
グリーンランド氷床 56
ブルー湾 61
クレーターレイク 26
グレート・アイス・ストーム 133
グレートサンディ砂漠 65
グレートスレーブ湖 48
グレートソルト湖 49
グレートディヴァイディング山脈 24
グレートディズマル湿地 52
グレートバリアリーフ 97, 107
グレートプレーンズ 74
グレートベア湖 48
グレートベースン砂漠 62
グレートリフトバレー 13
グローバルコンベアベルト 87
クーロン 55
K2 (チョゴリ) 148
ケララ水郷地帯 112
ケルート山 149
ケルマデック海溝 149
巻雲 (筋雲) 124
懸谷 60
圏谷 (カール) 61
巻積雲 (うろこ雲、いわし雲) 124
巻層雲 (薄雲) 125
玄武岩 36
玄武岩質溶岩 33, 34, 150
紅海のサンゴ礁 106
耕作 80, 81
高山気候 143

洪水 141
恒星 4
高積雲 (ひつじ雲) 125
高層雲 (おぼろ雲) 124, 126
コウテイペンギン 58
鉱物 150
コエロフィシス 7
穀物 80
コジアスコ山 24
黒海 90
ゴビ砂漠 65
混合農業 81
混交林 68, 70, 72
コンゴ川 42
コンベアベルト 87

【さ】

サイクロン 132, 150
サイクロン・ナルギス 134
再生可能エネルギー 141
再利用 141
砂岩 38
砂丘 63, 112, 114
サザンアルプス山脈 13, 25
砂嘴 (サンドスピット) 111
砂塵嵐 134
砂漠 17-19, 62-67, 145
砂漠うるし 63
サハラ砂漠 63, 145
サバンナ 74, 75, 150
サラガッソー海 92
サルガッスム 92
サンアンドレアス断層 12
山岳地帯 18, 20, 60, 143
残丘 63
珊瑚海 97
サンゴ礁 52, 93, 102-109
三畳紀 7
サンタマリア山 149
サンパウロ 82
サンベジ川 64
山脈 20-25
山麓氷河 56
ジェット気流 121
シエラネバダ・バソリス 34
死海 50

地震 10-12, 146
地震計 147
沈みこみ 150
湿生林 52-55
湿地 (帯) 19, 47, 52-55
シナイ半島 13
ジャイアンツ・コーズウェー 34
ジャイアント・セコイア 69
収束型境界 11
十二使徒岩 115
重力 8
樹木 68-73
ジュラ紀 7
礁原 106
礁湖 52, 103, 150
小スンダ列島 107
鍾乳石 150
鍾乳洞 46
蒸発岩 39
常緑樹 68
植物 20
植物群系 18
支流 40
シル 35
シロクマ 141
人口 82, 83
浸食 96, 111, 115, 150
新第三紀 7
針葉樹林 19, 69, 151
森林 17, 68-73
人類 7
スコシア海 98
スッド 54
ステップ 75
ストロマトライト 6
砂嵐 134
砂砂漠 (エルグ) 63
スピット 111
スルツェイ島 27
スンダ大海上断層 (スンダメガスラスト) 13, 95
スンダルバンス 55
世紀の嵐 132
成層火山 27
成層圏 120
生物群系 ➡バイオームを見よ

生命 5, 6, 146
積雲（わた雲） 127
石筍 46, 151
石炭 39
赤道 8, 19, 143, 146, 151
積乱雲（入道雲） 125, 128, 130
石灰岩 38
セレンゲティ 75
セントエリアス山 56, 57
層雲（霧雲） 127
草原 17, 18, 74, 75
層積雲（うね雲） 126
藻類 151

【た】

大気 119-137
　——の層 120
大西洋 90
大西洋中央海嶺 90
堆積岩 9, 36, 38, 39
堆積物 151
大地溝帯 13, 29
大分水嶺山脈 24
太平洋 96, 100
大洋 88-99
太陽 4, 79, 146
太陽系 4, 5
大陸移動説 147
大理石 37
対流圏 120, 121, 146
大量絶滅 7
タイ湾 97
ダウラギリ 148
滝 46
竜巻 130, 132, 136, 151
盾状火山 27
ダードル・ドア 112
棚氷 151
ターバナエントレニャナ山 23
タワーブリッジ 83
ダンジネス・スピット 111
断層 12, 13
タンボラ山 148
暖流 86
地殻 8-10, 12, 36, 146
地球 5

動く—— 10, 11
　数字で見る—— 146
　——にまつわるランキング 148, 149
　——の大気 120-121
　——の誕生 4, 5
　——の内部 8, 9
　——の年齢 147
　——まめ知識 146, 147
地球温暖化 139-141, 147
畜産 80
地溝 151
地軸 8, 146, 147
地質年代 6, 7
千島・カムチャツカ海溝 149
地中海 90
地中海性気候 144
中央海嶺 151
中間圏 120
中生代 7
中層雲 124
チュクチ海 89
長江（揚子江） 44, 45
長江河口 113
超大陸 10, 147, 151
チョーオユ 148
月の誕生 4
津波 151
ツブカル山 23
露 122
ツンドラ 18, 76-79
低層雲 124
デスバレー 66, 67
デセプション島 25
鉄門峡 41
デビルスタワー 33
デボン紀 6
テムズ川 41
デリー 83
デルタ 17, 42, 47, 92, 151
天気 139
天候 85
東京 83
洞くつ 46, 47
都市部 17, 82, 83
土地 17

ドナウ川 41
ドーバーの白い壁 111
ドラケンスバーグ山脈 23
ドラムンド湖 52
トランスフォーム型境界 11
ドルマラ峠の湖 61
トンガ海溝 149

【な】

ナイアガラの滝 46
内海 90
ナイカ鉱山 15
ナイル川 42, 54
ナインティ・マイル・ビーチ 114
ナミブ砂漠 63
ナロドナヤ 21
ナンガパルバット 148
南極横断山脈 25
南極海 98
南極氷床 57, 59
難破船 116
ニューデリー 83
ニューヨーク 82
沼地 52-55, 151
熱圏 120
熱帯 151
熱帯雨林 69, 73
熱帯気候 142
熱帯林 18, 19
ネバドデルルイス 149
粘板岩 37
農業 80, 81
農村部 17, 80, 81
ノバルブタ火山 33

【は】

バイオーム（生物群系） 18, 19, 151
バイカル湖 50
白亜紀 7
バソリス（底盤） 34, 151
白海 89
発散型境界 11
ハドソン湾 91
ハバード氷河 56
バハマ・バンク 104
ハーフドーム 34

パホイホイ溶岩　33
パーム・アイランド　95
パラグアイ川　54
バリアリーフ（堡礁）　103
ハリケーン　119, 132, 151
ハリケーン・カトリーナ　133
バルト海　91, 111
バレンツ海　89
ハロン湾　113
ハワイ諸島　26
パンク　104
パンゲア　10, 147
パンタナル湿地　54
パンパ　74
ひょう　42, 44, 45
ビクトリア湖　42
ビッグバン　4
ヒナツボ山　30, 31
ヒマラヤ山脈　24, 148
雹　123, 130
氷　河　17, 34, 49, 56-59, 96, 110, 141
　――のつくった地形　60, 61
氷　冠　151
氷　山　56
氷　床　56, 57, 98, 151
表層海流　86, 87
氷堆丘　61
氷底湖　51
氷　帽　56, 57
ピレネー山脈　22
ビンゴ　76
ビンソン・マッシーフ山　25
フィヨルド　56, 60, 61, 151
フィリピン海溝　149
富士山　29
プランテーション農業　81
フリンジングリーフ（裾礁）　103
プレート　10-13, 20, 35, 50, 146
プレートテクトニクス　10
プロトタキシーテス　6
噴　火　17, 26, 27, 30, 31, 100, 148, 149
噴気孔　32, 33, 151
ベスビオ山　149
ペルシア湾　95

ベンガル湾　95
片　岩　37
ペンギン　58
変成岩　9, 36, 37
ホイン・シル　35
方位磁針　147
暴風雪（ブリザード）　132, 151
ボストーク湖　51
ボスニア湾　111
北極海　88
ホットスポット　11
北方林　68, 70, 151
ホモ・ハビリス　7
ボラボラ島　100, 101
ポリゴン　76
ポリプ　102, 104

【ま】
迷子石　60
マウンテンゴリラ　70
マカルウ　148
マグマ　4, 8, 10, 26, 32, 33, 35, 36, 151
マグマだまり　151
枕状溶岩　33
マザマ山　26
マダガスカル島　71
摩天楼　82
マナスル　148
マラスピナ氷河　56
マリアナ海溝　96, 149
マーレー川　43, 55
マングローブ林　19, 92, 113
マントル　8-10
ミシシッピ川　40, 74
湖　48-51, 61
水の循環　121
南シナ海　97
ミュルダーレンの懸谷　60
メキシコ湾　92
モエラキ海岸　114
モハヴェ砂漠　66
モルディブ諸島　105
モンスーン（季節風）　94
モンブラン　23
モンブレー山　149

【や】
やせ尾根（アレート）　61
山　17
山火事　135
雪　121, 123
溶　岩　32, 33
ヨークシャーの迷子石　60
ヨセミテ渓谷　34

【ら】
雷　雨　130
ライトハウス・リーフ　105
雷　鳴　151
ラーキ山　149
落葉樹　68
落　雷　125
ラッセルフィヨルド　56
ラドガ湖　49
乱層雲（雨雲、雪雲）　128
陸　17-83
リャノ湿地　53
累　代　6
ルブアルハリ砂漠　64
れき岩　38
レンズ雲　129
ロス海　99
ロス島　29
ローツェ　148
ロッキー山脈　20, 74
ロンドン　83

【わ】
惑星　4, 5

謝辞 しゃじ

Dorling Kindersley would like to thank:
Caitlin Doyle for proofreading and Helen Peters for indexing.

The publisher would like to thank the following for their kind permission to reproduce their photographs:

(Key: a-above; b-below/bottom; c-centre; f-far; l-left; r-right; t-top)

1 NASA: Visible Earth / Reto Stockli / Alan Nelson / Fritz Hasler (clb). **2–3 Getty Images**: Ron Dahlquist / Perspectives (c). **4–5 Science Photo Library**: Mark Garlick (b). **5 Dreamstime.com**: Brett Critchley (crb). **NASA**: Visible Earth / Reto Stockli / Alan Nelson / Fritz Hasler (tr/Earth); JPL (tc, tl, tl/Uranus, tc/Mars, tr/Venus); Hubble Space Telescope Collection (tr, tr/Mercury, tc/Jupiter). **6 Corbis**: Reg Morrison / Auscape / Minden Pictures (cl). **6–7 Dorling Kindersley**: Peter Minister, Digital Sculptor (tc). **7 Getty Images**: Encyclopaedia Britannica / UIG (cr); Max Dannenbaum / Stone (br). **8–9 Dorling Kindersley**: Satellite Imagemap Copyright (c) 1996-2003 Planetary Visions (c). **9 Dreamstime.com**: Keith Wheatley (br). **Shutterstock**: (cr). **12 Corbis**: Lloyd Cluff (cr). **13 Corbis**: Xinhua / XINHUA (tr). **NASA**: (crb); JSC Digital Image Collection (bl). **14–15 Getty Images**: Carsten Peter / Speleoresearch and Films / National Geographic. **16 Corbis**: George Steinmetz. **17 Getty Images**: Sami Sarkis / Photographer's Choice RF (bc). **18 Dreamstime.com**: Yarek Gora (crb); Stephan Pietzko (c). **19 Courtesy of the National Science Foundation**: Peter Rejcek (tl). **Shutterstock**: (cra, bc). **20 Dreamstime.com**: Mike Brake (bl); Steve Estvanik (br). **21 Corbis**: Momatiuk – Eastcott (br). **Dreamstime.com**: Sergeytoronto (b). **22 Dreamstime.com**: Ams22 (tl). **22–23 Corbis**: Yann Arthus-Bertrand (bc); Kay Nietfeld / dpa (tc). **23 Getty Images**: LatitudeStock – David Forman / Gallo Images (br). **24 Corbis**: Myung Jo Lee / Aflo Relax (t); Nigel Pavitt / JAI (b). **25 Corbis**: Galen Rowell (b). **Dreamstime.com**: Blagov58 (t). **26 Dreamstime.com**: Leonid Spektor (b). **26–27 Corbis**: Roger Ressmeyer (b). **27 Alamy Images**: FLPA (b). **Corbis**: Richard Roscoe / Stocktrek Images (tl); Lothar Slabon / Epa (t). **28 Corbis**: Vittoriano Rastelli (bl). **28–29 Corbis**: Kazuyoshi Nomachi (c). **29 Getty Images**: George Steinmetz (br). **Dreamstime.com**: Craig Hanson (cr). **30–31 Corbis**: Alberto Garcia. **32 Dreamstime.com**: Derekteo (b). **33 Corbis**: Roger Ressmeyer (br); Ralph White (tr). **Dorling Kindersley**: Natural History Museum, London (tc). **Dreamstime.com**: Adreslebedev (cl); Miloslav Doubrava (br). **34 Dreamstime.com**: Dariophotography (br). **34–35 Dreamstime.com**: Piter99 (tc). **35 Corbis**: Yann Arthus-Bertrand (c). **Dreamstime.com**: Davedt (bl). **39 Alamy Images**: WidStock (tr). **41 Dreamstime.com**: Victorua (br). **Getty Images**: Olivier Goujon / Robert Harding World Imagery (t). **42 Corbis**: NASA (bl). **42–43 Dreamstime.com**: Ewamewa2 (bc). **Getty Images**: Robert Caputo / Aurora (t). **43 Alamy Images**: Bill Bachman (br). **Corbis**: Martin Harvey (b). **44–45 Dreamstime.com**: Chun Guo. **46 Dreamstime.com**: Giovanni Gagliardi (b). **46–47 Corbis**: Adam Woolfitt (tc). **47 Alamy Images**: Olivier Parent (tr). **Corbis**: Frans Lanting (b). **48 Getty Images**: Marilyn Angel Wynn / Nativestock (bl); David Prichard / First Light (br). **49 Corbis**: Scott T Smith (tl).

Dreamstime.com: Meandr (b). **50 Dreamstime.com**: Dshamanov (b). **50–51 Dreamstime.com**: Alexandr Malyshev (c); Witr (bc). **51 Science Photo Library**: Marshall Space Flight Center / Nasa (br). **52 Corbis**: Sean Russell / fstop (b). **53 Alamy Images**: Juergen Richter (b). **Getty Images**: Randy Wells / Stone (tr). **54 Corbis**: Kazuyoshi Nomachi (br). **Dreamstime.com**: Lagartija (bl). **Getty Images**: Natphotos / Digital Vision (t). **55 Alamy Images**: Images and Stories (t). **Getty Images**: Peter Walton Photography / Photolibrary (b). **56 NASA**: (bl). **56–57 Dreamstime.com**: Maxfx (tc). **Corbis**: James Balog / Aurora Photos (bc). **57 Corbis**: Frank Krahmer (br). **Dreamstime.com**: Ihervas (cr). **58–59 Getty Images**: moodboard / the Agency Collection. **60 Alamy Images**: Chris Mattison (b). **Tony Waltham Geophotos**: (b). **61 Getty Images**: Joe Cornish / The Image Bank (t). **SuperStock**: imagebroker.net (br). **Tony Waltham Geophotos**: (clb). **62 Corbis**: Momatiuk – Eastcott (bl). **Dreamstime.com**: Attila Tatár (br). **63 Corbis**: Peter Johnson (b). **Dreamstime.com**: Genghiscard (t). **Getty Images**: Cris Bouroncle / Afp (br); Danita Delimont / Gallo Images (tr); Frans Lemmens / Stone (cl). **64 Corbis**: Paul Souders (t); George Steinmetz (b). **65 Getty Images**: Ted Mead / Photolibrary (t, b). **66–67 Corbis**: Ed Darack / Science Faction. **68 Alamy Images**: Arco Images / Meissner, D (cr). **Shutterstock**: Yuriy Kulyk (cl). **69 Corbis**: Jim Brandenburg / Minden Pictures (b); Jochen Schlenker / Westend61 (cr); Frans Lanting (b). **70 Corbis**: Adrian Arbib (b). **Getty Images**: Tim Graham (tr). **70–71 Dreamstime.com**: Steffen Foerster (bc). **71 Corbis**: Frans Lanting (b). **72 Corbis**: Ocean. **73 Getty Images**: Ted Mead / Photolibrary (br); Peter Walton Photography / Photolibrary (t). **74 Getty Images**: DEA / P Jaccod (br); Zack Seckler / The Image Bank (b). **75 Corbis**: Haiku Expressed / First Light (t); ony Waltham / Robert Harding World Imagery (br); Image Source (c). **76 Corbis**: Alaska Stock (b). **77 Corbis**: Jenny E Ross. **78-79 Getty Images**: Robert Postma / First Light. **80 Alamy Images**: Bill Bachman (c). **Dreamstime.com**: Bondarenko Olesya (b). **81 Getty Images**: Ina Van Hateren (cl); Ivan Kok Cheong Hor (cr). **Getty Images**: Peter Walton Photography / Photolibrary (b). **82 Corbis**: Danny Lehman (tr). **Dreamstime.com**: Saurabh13 (b). **83 Corbis**: airyuhi / a.collectionRF / amanaimages (b); Ocean (c). **Dreamstime.com**: Lucaparodi (cl). **84 Getty Images**: Matt Cardy (b). **85 Getty Images**: David Wrobel / Visuals Unlimited (b). **87 NASA**: (cr). **89 Corbis**: Galen Rowell (cr); Paul Souders (c). **90–91 Getty Images**: Oleg Kozlov (b). **91 Getty Images**: Slow Images / Photographer's Choice (b). **91 Getty Images**: Patryk Kosmider (t). **92 Corbis**: Ron Erwin / All Canada Photos (tr). **92 Corbis**: Dave Reede / All Canada Photos (bl). **92–93 Getty Images**: Carlos Davila / Photographer's Choice RF (bc). **94 Getty Images**: Image Source (b). **95 Corbis**: Mohamed Farhadi (b); Lestor Kindersley**: Rough Guide (t). **96 Corbis**: Michael S Yamashita (br). **97 Dorling Kindersley**: Rough Guide (t). **98–99 Getty Images**: Frank Krahmer / Riser (b). **99 Corbis**: Fotosearch (tl); Wayne Lynch / All Canada Photos (br). **100–101 Corbis**: Frans Lanting. **102–103 Getty Images**: Panoramic Images (b). **103 Dreamstime.com**: Barefootflyer (tl, tr); Debra Law (tc); Melvinlee (cl). **104 Alamy Images**: Stephen Frink Collection (b). **Dreamstime.com**: Asther Lau Choon Siew (cl); David Espin (t). Harmonia101 (b). **105 Corbis**: Martin Harvey (tr); Kevin Schafer (bl). **Getty**

Images: Saki Ono / Flickr Open (b). **106 Corbis**: Carlos Villoch / Robert Harding Specialist Stock. **107 Alamy Images**: Jeff Mondragon (b). **107 Getty Images**: Aaron Foster / Photographer's Choice (br). **108–109 Dreamstime.com**: Vilainecrevette. **110 Alamy Images**: Clint Farlinger (br). **Dreamstime.com**: Sibel Aisha (tl); David Woods (bl). **111 Corbis**: Buddy Mays (cr); Neil Rabinowitz (cl). **Dreamstime.com**: John.59 (b). **112 Corbis**: Michele Falzone / JAI (b). **Getty Images**: Thomas Dressler / Gallo Images (tr). **113 Corbis**: Thomas Marent / Minden Pictures (cl). **Dreamstime.com**: Plotnikov (b). **NASA**: Visible Earth (tr). **114 Alamy Images**: Bill Bachman (tr). **115 Dreamstime.com**: Daria Angelova. **116–117 Getty Images**: George Steinmetz. **118 Corbis**: Arctic-Images. **119 NASA**: Scientific Visualization Studio Collection (bc). **120 NASA**: (c, bc). **Courtesy of the National Science Foundation**: Rhys Boulton (cr). **121 Corbis**: (br). **122 Corbis**: Imaginechina (bl); Frank Krahmer (tr). **123 Corbis**: W Perry Conway (br). **Getty Images**: Don Johnston / All Canada Photos (br); SuperStock (ca). **124 Dreamstime.com**: Rudy Umans (b). **125 Corbis**: Mark Laricchia (tc). **Dreamstime.com**: Ben Goode (tr/Cloud-to-Cloud); Skydavar42 (tr); Intrepix (cr). **Getty Images**: Stocktrek Images (t). **126 Getty Images**: Graeme Norways / Stone (b). **127 Corbis**: Onne van der Wal (t). **128–129 Corbis**: Adam Jones / Visuals Unlimited (tc). **128 Corbis**: Tsui Hung / Redlink (b). **129 Corbis**: Momatiuk – Eastcott (br). **130–131 Corbis**: Mike Hollingshead / Science Faction. **132 Douglas P Berry**: (c). **Corbis**: Jim Reed (br). **133 Corbis**: Christopher J Morris (b); Mike Theiss / Ultimate Chase (t). **134 Dreamstime.com**: Gordon Tipene (br). **Getty Images**: STR / AFP (cr). **NASA**: Earth Observatory / Jeff Schmaltz (t). **135 Corbis**: Andrew Brownbill / Epa. **136–137 Getty Images**: Willoughby Owen / Flickr. **138 Corbis**: Paul Souders. **139 Dreamstime.com**: Olling (b). **140–141 Corbis**: Paul Souders (b). **141 Corbis**: Liu Liqun (tl). **Dreamstime.com**: Aji Jayachandran (cr). **142 Getty Images**: John W Banagan / Stockbyte (b). **142–143 Dreamstime.com**: Asci Advertising and Publishing (bc). **144 Corbis**: David DuChemin / Design Pics (b); Colin Monteath / Hedgehog House / Minden Pictures (t). **145 Corbis**: George Steinmetz.

Jacket images: *Front:* **Dorling Kindersley**: Chris Reynolds and the BBC Team, cb, Andy Crawford / Donks Models – modelmaker, cr, David Donkin – modelmaker, ftr, cl, Donks Models – modelmaker, tr, crb, Donk Models – modelmaker, tc, Simon Mumford, c. **PunchStock**: Photodisc, clb; *Back:* **Dorling Kindersley**: Donks Models – modelmaker, clb; *Spine:* **Dorling Kindersley**: Simon Mumford, t.

All other images © Dorling Kindersley

For further information see: www.dkimages.com